高等学校实验教学示范中心(东南大学)系列教材

土力学试验基础教程

丁红慧　编著

· 南京 ·

图书在版编目(CIP)数据

土力学试验基础教程 / 丁红慧编著.—南京:东南大学出版社,2021.12

高等学校实验教学示范中心(东南大学)系列教材

ISBN 978-7-5641-9922-7

Ⅰ.①土… Ⅱ.①丁… Ⅲ.①土工试验—高等学校—教材 Ⅳ.①TU41

中国版本图书馆 CIP 数据核字(2021)第 258375 号

责任编辑:夏莉莉　贺玮玮　责任校对:韩小亮　封面设计:顾晓阳　责任印制:周荣虎

土力学试验基础教程

Tulixue Shiyan Jichu Jiaocheng

编　　著: 丁红慧
出版发行: 东南大学出版社
社　　址: 南京市四牌楼 2 号　**邮编:** 210096
网　　址: http://www.seupress.com
电子邮箱: press@seupress.com
经　　销: 全国各地新华书店
印　　刷: 广东虎彩云印刷有限公司
开　　本: 700mm×1 000mm　1/16
印　　张: 7.25
字　　数: 127 千字
版　　次: 2021 年 12 月第 1 版
印　　次: 2021 年 12 月第 1 次印刷
书　　号: ISBN 978-7-5641-9922-7
定　　价: 26.00 元

前　言

根据东南大学本科专业现行本科生培养计划、教学大纲对土工试验实践教学的要求，继承了历届本科生“土工试验指导书”的多年试验教学经验，重新修编《土力学试验基础教程》。本次修编，主要依据我国现行国家标准《土工试验方法标准》(GB/T 50123—2019)，参考我国住房和城乡建设部、交通运输部等有关土工试验的行业标准，结合东南大学等四校合编《土力学》(第五版)国家精品系列课程教材的相关内容，阐述了本科土工试验教学主要试验内容、操作方法与成果分析。

根据东南大学岩土工程实验室仪器设备和多年试验教学实践，本书强调了简明扼要、易于理解和方便掌握的试验原理与操作方法编写原则，扼要清晰阐述试验项目的土力学原理，重点强化了试验教学与工程实践的联系，满足了土工试验教学、岩土工程基础试验等实践性教学环节的目标要求。

本书包括十三章内容。第一章叙述了试样的制备方法，是土工试验的基础部分。第二章至第六章介绍了测试土(体)的物理性质试验方法，分别为含水率测试、密度测试、土粒比重测试、粒度成分试验与界限含水率试验。第七章至第十三章介绍了土体力学性质试验方法，分别为击实试验、渗透试验、固结压缩试验、三轴剪切试验、直接剪切试验、无侧限抗压强度试验和动三轴试验。每个试验方法编写，首先阐述试验项目的土力学原理及其工程实践联系，然后从样品采集和制备、所需试验仪器设备、试验操作步骤、试验成果记录与资料归纳整理，进行了系统详细介绍。

本书可供“土工试验原理”“岩土工程基础试验”以及“高等土工试验”的本科生、研究生课程教学使用，亦可供相关专业研究生、专业技术人员参考使用。

本书由丁红慧主持编写，朱子超、徐飞参与了部分章节编写，吕美彤博士参与第十三章编写，在此一并表示感谢。感谢石名磊教授审阅了本书部分内容。感谢钱振东教授、刘松玉教授、章定文教授、邓永锋教授对本书编写的大力支持。由于编者水平有限，在内容上可能存在某些错误或不足之处，恳请读者批评指正。

本书得到道路交通工程国家级实验教学示范中心(东南大学)的资助。

目　录

绪论 …… 1

第一章　试样的制备与饱和 …… 4

1.1　概述 …… 4

1.2　仪器设备 …… 4

1.3　试样制备步骤 …… 5

1.4　试样饱和 …… 7

第二章　含水率试验 …… 10

2.1　概述 …… 10

2.2　烘干法 …… 10

第三章　密度试验 …… 13

3.1　概述 …… 13

3.2　环刀法 …… 13

3.3　蜡封法 …… 15

第四章　比重试验 …… 18

4.1　概述 …… 18

4.2　比重瓶法 …… 18

第五章　颗粒分析试验 …… 21

5.1　概述 …… 21

5.2　筛析法 …… 21

5.3 密度计法 …… 24

第六章 界限含水率试验 …… 34
6.1 概述 …… 34
6.2 液塑限联合测定法 …… 35
6.3 碟式仪液限法 …… 38
6.4 滚搓法塑限试验 …… 41

第七章 击实试验 …… 44
7.1 概述 …… 44
7.2 仪器设备 …… 45
7.3 试验步骤 …… 46
7.4 击实试验的计算 …… 47
7.5 击实试验的记录表 …… 48

第八章 渗透试验 …… 49
8.1 概述 …… 49
8.2 常水头渗透试验 …… 49
8.3 变水头渗透试验 …… 53

第九章 固结试验 …… 56
9.1 概述 …… 56
9.2 试验仪器设备 …… 56
9.3 标准固结试验步骤 …… 57
9.4 计算 …… 58
9.5 固结试验记录表 …… 60

第十章 三轴压缩试验 …… 63
10.1 概述 …… 63
10.2 试验仪器设备 …… 63
10.3 一般规定 …… 67

10.4　试样的制备与饱和 …… 67
10.5　不固结不排水剪试验(UU) …… 69
10.6　固结不排水剪试验(CU) …… 71
10.7　固结排水剪试验(CD) …… 74

第十一章　直接剪切试验 …… 77
11.1　概述 …… 77
11.2　一般规定 …… 78
11.3　试验步骤 …… 78
11.4　计算、制图和记录 …… 79

第十二章　无侧限抗压强度试验 …… 81
12.1　概述 …… 81
12.2　仪器设备 …… 81
12.3　试验步骤 …… 82
12.4　试验成果整理 …… 83
12.5　无侧限抗压强度试验记录表 …… 85

第十三章　细粒土动三轴试验 …… 86
13.1　概述 …… 86
13.2　试验仪器设备 …… 86
13.3　一般规定 …… 88
13.4　试样的制备与饱和 …… 88
13.5　GDS 动三轴试验 …… 90

参考文献 …… 105

绪　论

天然沉积土是一种在自然环境下生成的堆积物，不同地区不同位置的沉积土的类型不尽相同，且其物理、力学性状千差万别，但在同一地质年代和相似沉积条件下，又有一定的规律性。

土力学是研究土体的一门力学，从土力学的发展历史及过程来看，土力学从某种意义上讲也可以说是土的试验力学，如库仑(Coulomb)准则、达西(Darcy)定律、普洛特(Proctor)压实机理等，无一不是通过经典土工试验而建立起来的。因此，土工试验在土力学发展过程中发挥着重要的作用。

土工试验是工程勘察取样后室内试验评价的最基本方法，也是作为岩土工程勘察的重要手段之一，土工试验可获取土的物理性质与力学性质指标，直接决定了岩土工程分析精度与勘察结论，涉及工程稳定安全和经济合理性。

室内土工试验由于能进行各种模拟控制试验，实现全过程和全方位的量测观察，在某种程度上更能满足土的分析计算或科学研究的要求。然而，土工试验其系统局限性在于，土样从钻孔取样时就产生扰动效应，使该“原状”土样偏离了实际情况。其中，取土、搬运及试验切土时的机械作用扰动了土的天然沉积结构；取土后显著改变了原状土样的应力状态。此外，室内土工试验的应力条件是相对理想化和单一化的，且土工试验方法以及试验技巧熟练程度等的不同，试验成果可能会存在着比较大的差异，在某种程度上甚至大于计算方法所引起的误差。由此可见，规范土工试验方法及提高试验者试验操作的熟练程度非常必要，系统开展土工试验实践性教学至关重要。

土力学试验项目大致可以分为土的物理试验和力学试验。其中，土的物理试验主要包括土的含水率试验、密度试验、比重试验、界限含水率试验与粒度成分分析试验等；土的力学试验主要包括渗透试验、抗剪强度试验、压缩实验、固结试验与击实试验等。面向不同本科专业相关课程教学需要和课时计划安排，可以灵活组织试验项目。土力学试验项目汇总参见表 0.1。

表 0.1 土力学试验项目汇总

序号	试验项目	试验目的	主要内容	掌握知识	备注
1	含水率试验（烘干法）	测定土的含水率，计算分析孔隙比、液性指数，辅助判断物理状态	(1) 测出水分质量和干土质量 (2) 数据分析，提取土的含水率指标	掌握含水率烘干法，含水率换算其他物理指标的方法	平行界限含水率试验
2	密度试验（环刀法）	测定土的密度，评价土的密实干湿状态	(1) 测定土的质量 (2) 数据分析，提取土的密度指标	掌握土的密度环刀法，密度换算其他物理性质指标方法	平行固结试验
3	比重试验（比重瓶法）	测定土粒比重，计算土的孔隙比、饱和度等物理指标	(1) 测定土的比重 (2) 整理分析	掌握土颗粒比重的比重瓶法测定方法	
4	界限含水率试验（液塑限联合测定法）	测定黏性土的液限、塑限含水量，分析黏性土稠度状态	(1) 测定土的液限和塑限 (2) 数据分析，提取土的塑性指数和液性指数 (3) 黏性土分类与稠度	掌握液塑限联合测定法，划分土的类别与评价稠度状态	
5	颗粒分析试验	测定土体颗粒粒组含量，分析粒度成分，划分土的分类与判断土的性质	(1) 测定土的颗粒级配 (2) 判断土的颗粒级配特征，划分土名	掌握土颗粒粒度成分关联的土类划分与基本性质评价	
6	击实试验	测定土的最大干密度和最优含水率	(1) 不同含水率土样制备与击实试验 (2) 测定击实土样干密度和含水率 (3) 分析整理，提取土的最大干密度和最优含水率	掌握土的击实方法，不同土类的含水率、击实功的击实影响机制	
7	渗透试验	测定土的渗透系数，评价土的渗透性及其工程应用	(1) 测定土的渗流量、水头、时间关系 (2) 整理分析渗透系数	熟练掌握达西定律、不同土类渗透系数试验方法	
8	固结试验	测定完全侧限条件下土的压缩变形荷载演化规律与压缩型特征指标	(1) 测定土的压缩变形荷载演化特征 (2) 整理分析，提取土的压缩性指标	掌握土的压缩性试验方法、土的压缩变形特征分析评价方法	

（续表）

序号	试验项目	试验目的	主要内容	掌握知识	备注
9	直接剪切试验	根据库仑定律，测定土的黏聚力和内摩擦角抗剪强度指标	(1) 测定不同荷载下土的抗剪强度 (2) 整理分析，提取土的黏聚力和内摩擦角	熟练掌握直接剪切试验方法，不同土体强度特征，黏性土剪切排水条件	
10	三轴试验(UU)	测定不同排水条件下土的强度指标	(1) 在不固结不排水条件下，三轴压缩剪切过程 (2) 整理分析试验结果	了解三轴压缩试验方法，三种排水条件强度指标分析原理与应用	
11	无侧限抗压强度试验	测定土的无侧限抗压强度及灵敏度	(1) 测定原状试样与重塑试样无侧限抗压强度 (2) 整理分析无侧限抗压强度与灵敏度特征指标	掌握天然沉积饱和黏性土不排水强度特征与结构灵敏度评价	
12	细粒土动三轴试验	测定土的动强度	(1) 测定土的动强度，测定应力、应变和孔隙水压力的变化过程 (2) 整理分析试验成果，依据动应力、动应变和孔隙水压力的相互关系，可以求土的各项动弹性参数（动弹性模量、动剪切模量、动强度、阻尼比）	了解细粒土动三轴试验，了解 GDS 三轴试验仪器设备以及试验方法	

第一章　试样的制备与饱和

1.1　概述

试样的制备是土工试验工作的第一步，是关系到试验成果正确性的重要因素。为了保证试验成果的可靠性和试验数据的可比性，必须统一土样和试样的制备方法和程序。

试样的制备可分为原状土的试样制备和重塑土的试样制备。原状土的试样制备包括开启、切取等；重塑土试样的制备包括风干、碾散、过筛、均匀后储存等土样预备程序和击实、饱和等试样制备程序。这些步骤的规范正确与否直接关系到试验成果的可靠性，所以至关重要。

1.2　仪器设备

试样制备所需的主要仪器设备，包括：

1）孔径 0.5 mm、2 mm 和 5 mm 的细筛；

2）孔径 0.075 mm 的细筛；

3）称重 10～40 kg、最小分度值 5 g 的台秤；

4）称重 5 000 g、最小分度值 1 g 和称量 200 g、最小分度值 0.01 g 的天平；

5）不锈钢环刀（内径 61.8 mm、高 20 mm，内径 79.8 mm、高 20 mm 或内径 61.8 mm、高 40 mm）；

6）碎土器：磨土机；

7）击样器；

8）压样器；

9）抽气机；

10）饱和器(附金属或玻璃的真空缸)；

11）其他：切土刀、钢丝锯、碎土工具、烘箱、干燥器、钵体、木锤、保湿器、喷水设备、木碾、橡皮板、玻璃瓶、玻璃缸、凡士林、土样标签、盛土器等。

1.3 试样制备步骤

1.3.1 原状土试样的制备步骤

1）将土样筒按标明的上下方向放置，剥去蜡封和胶带，开启土样筒取土样。

2）检查土样结构，若土样已扰动，则不应作为制备力学性质试验的试样。

3）根据试验要求确定环刀尺寸，并在环刀内壁涂一薄层凡士林，然后刀口向下放在土样上面，将环刀垂直下压，同时用切土刀沿环刀外侧切削土样，边压边削直至土样高出环刀，制样时不得扰动土样。

4）根据土样的软硬情况，采用钢丝锯或切土刀平整环刀两端土样，然后擦净环刀外壁，称环刀和土的总质量。

5）切削试样时应对土样的层次、气味、颜色、夹杂物、裂缝和均匀性进行描述。

6）视试样本身及工程要求的不同，决定试样是否进行饱和，如不立即进行试验或饱和时，则将试样暂存于保湿器内。

7）切取试样后，剩余的原状土样用蜡纸或塑料袋包好，置于保湿器内，以备补做试验之用。切取的余土留作物理性质试验之用。

8）从切削的余土中取代表性试样，供测定含水率以及比重、颗粒分析、界限含水率等试验之用。

9）原状土同一组试样间密度的允许差值不得大于 0.03 g/cm^3，含水率差值不宜大于 2%，均取其算术平均值。

1.3.2 重塑土试样的备样步骤

1）重塑土试样预备程序

(1) 对土样的颜色、气味、夹杂物和土类及均匀程度进行描述，并将土样切成碎块，拌和均匀，取代表性土样测定含水率。

(2) 将块状土风干或烘干，然后将风干或烘干土样放在橡皮板上用木碾碾散。对于不含砂和砾的土样，可用碎土器碾散，但在使用碎土器时应注意不得将土粒破碎。

(3) 将碾散的风干土样通过孔径 2 mm 或 5 mm 的筛，取筛下足够试验用的土样，充分拌匀，测定风干土样含水率，装入保湿缸或塑料袋内备用。

(4) 试样制备的数量视试验需要而定，一般应多制备 1～2 个试样备用。

(5) 计算制备试样所需土量：环刀容积（60 cm^3）×拟定试样密度（如 1.98 g/cm^3）×富余系数（1.2～1.5）×试样数。

(6) 根据试验所需的土量与含水率，计算制备试样所需的加水量：

$$m_w = \frac{m_0}{1 + 0.01w_0} \times 0.01(w_1 - w_0) \tag{1-1}$$

式中：m_w——制备试样所需要的加水量(g)；

m_0——风干土质量(或天然湿土质量)(g)；[用(5)中计算所得的制备试样所需土量代入]；

w_0——风干土含水率(或天然含水率)(%)；

w_1——制样要求的含水率(%)。

(7) 称取过筛的风干土样平铺于搪瓷盘内，将水均匀喷洒于土样上，充分拌匀后装入盛土器内盖紧，润湿一昼夜，砂土的润湿时间可酌减。

(8) 测定润湿土样不同位置处的含水率，不应少于两点。一组试样的含水率与目标含水率之差不得大于±1%。

2) 重塑土试样的制备

应根据工程实际情况分别采用击样法和压样法。

(1) 击样法：将根据环刀容积和要求干密度所需质量的湿土倒入装有环刀的击样器内，击实到所需密度。

(2) 压样法：将根据环刀容积和要求干密度所需质量的湿土倒入装有环刀的压样器内，以静压力通过活塞将土样压紧到所需密度。

取出带有试样的环刀，称环刀和试样总质量，对不需要饱和且不立即进行试验的试样，应存放在保湿器内备用。

3) 注意事项

对于重塑土试样的制备，以往通常用击实法将土样击实后再切成试样，这样做往往出现因分层击实，试样上、下密度不一致及土体结构情况不好的现象。若采用击实法，要求以单层击实为佳。试样制备方法对抗剪强度的影响随土质情况、饱和方法及初始含水率等条件而变化。击样和压样两种方法对密度影响不大，显然不同的制样方法，对于土的力学性质有着不同的影响。黏性大的土，压样时空气不易排出，以致密度均匀性较差，此外，在各使用单位有形式不一的压样器，有的活塞有排气孔，有的带透水石，有的采用上下活塞两面压样等，总之，制备试样的方法应当采用与击实试验相近的击实方法。击样法可以控制锤击的击实高度，这样比较易于控制试样的密度。

1.4　试样饱和

土的孔隙逐渐被水填充的过程称为饱和，孔隙被水充满时的土，称为饱和土。试样饱和方法宜根据土样的透水性能分别采用以下方法。

粗粒土采用浸水饱和法。细粒土随渗透系数的不同有不同饱和方法，渗透系数$>10^{-4}$cm/s 的细粒土，采用毛细管饱和法；渗透系数$\leqslant10^{-4}$cm/s的细粒土，采用抽气饱和法。

1）毛细管饱和法，应按下列步骤进行：

（1）选用框式饱和器（图 1.1b），试样上、下面放滤纸和透水板，装入饱和器内，并旋紧螺母。

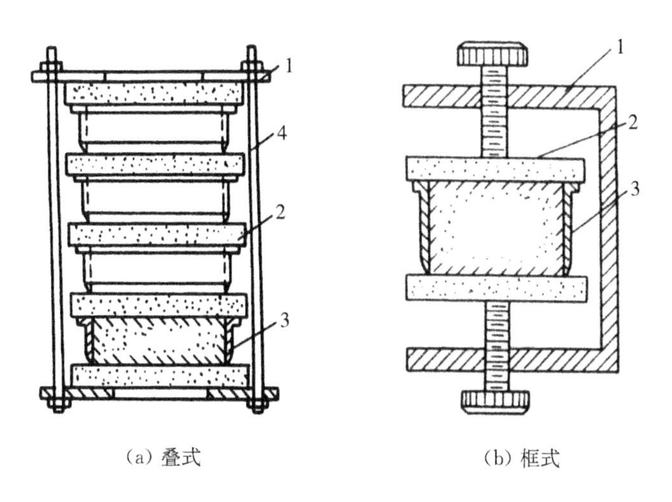

图 1.1　饱和器

1—夹板；2—透水板；3—环刀；4—拉杆

（2）将装好的饱和器放入水箱内，注入清水，水面不宜将试样淹没，关箱盖，浸水时间不得少于两昼夜，使试样充分饱和。

（3）取出饱和器，松开螺母，取出环刀，擦干外壁，称环刀和试样的总质量，并计算试样的饱和度。当饱和度低于 95％时，应继续使其饱和。

2）试样的饱和度应按下式计算：

$$S_r = \frac{(\rho - \rho_d)G_s}{\rho_d e} \quad \text{（式 1-2a）}$$

或

$$S_r = \frac{wG_s}{e} \quad \text{（式 1-2b）}$$

式中：S_r ——试样的饱和度(%)；

w ——试样饱和后的含水率(%)；

ρ ——试样饱和后的密度(g/cm^3)；

ρ_d ——试样的干密度(g/cm^3)；

G_s ——土粒比重；

e ——试样的孔隙比。

3）抽气饱和法，应按下列步骤进行：

(1) 选用叠式或框式饱和器(图 1.1)和真空饱和装置(图 1.2)。

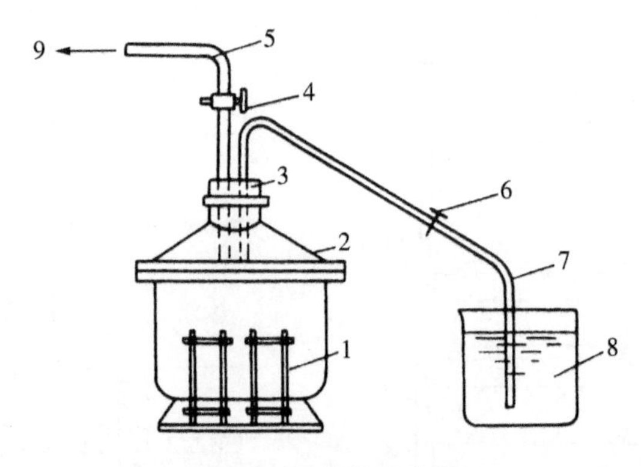

图 1.2 真空饱和装置

1—饱和器；2—真空缸；3—橡皮塞；4—二通阀；5—排气管；
6—管夹；7—引水管；8—盛水器；9—接抽气机

在叠式饱和器(图 1.1a)下夹板的正中位置，依次放置透水板、滤纸、带试样的环刀、滤纸、透水板，按此顺序重复，由下向上重叠到拉杆高度，将饱和器上夹板盖好后，拧紧拉杆上端的螺母，将各个环刀在上、下夹板间夹紧。

(2) 将装有试样的饱和器放入真空缸内，真空缸和盖之间涂一薄层凡士林，盖紧。将真空缸与抽气机接通，启动抽气机，当真空压力表读数接近当地一个大气压力值时(抽气时间不少于 1 h),微开管夹,使清水徐徐注入真空缸,在注水过程中,真空压力表读数宜保持不变。

(3) 待水淹没饱和器后停止抽气。开管夹使空气进入真空缸,静置一段时间(细粒土宜为 10 h),使试样充分饱和。

(4) 打开真空缸,从饱和器内取出带环刀的试样,称环刀和试样总质量,并按式(1-2)计算饱和度。当饱和度低于 95%时,应继续抽气饱和。

(5) 饱和度的大小对渗透试验、固结试验和剪切试验的成果均有影响。对于不测孔隙水压力的试验,一般认为:饱和度≥95%即认为饱和。对于需要测定孔隙水压力参数的试验,如三轴压缩试验、应变控制加荷固结试验,对饱和度的要求较高 ($S_r \geqslant 99\%$),宜采用二氧化碳或反压力饱和方法。

第二章　含水率试验

2.1　概述

含水率定义为试样在105～110℃温度下烘至恒量时所失去的水质量和干土质量的比值，以百分率表示。含水率是土的三个基本物理性质指标之一，它反映了土的干、湿状态。含水率的变化将使土的物理、力学性质发生一系列的变化。测定土的含水量，不仅可以揭示土的干湿状态，而且可用于换算土的其他物理指标，计算黏性土的液性指数。

测定含水率的方法多种多样，如烘干法、酒精燃烧法、炒干法、比重法、实容积法和微波法等。其中，烘干法为室内试验的标准方法。

2.2　烘干法

烘干法是将试样放在温度能保持105～110℃的烘箱中烘至恒量的方法。本试验方法适用于粗粒土、细粒土、有机质土和冻土。土的有机质含量不宜大于干土质量的5%，当土中有机质含量为5%～10%时，仍允许采用本标准进行试验，但应注明有机质含量。

2.2.1　仪器设备

1）电热烘箱应能使温度控制在105～110℃；

2）天平称量200 g，最小分度值0.01 g；称量1 000 g，最小分度值0.1 g；

3）其他干燥器、铝盒等。

2.2.2　烘干法试验步骤

1）取具有代表性的试样：细粒土15～30 g，砂类土50～100 g，砂砾石2～5 kg，将试样放入称量盒内，盖上盒盖，称盒加湿土质量，精确至0.01 g，砂砾石精确至1 g。

2）打开盒盖，将盒置于烘箱内，在105～110℃的恒温下烘至恒量。烘干时间对黏质土不得少于8 h，对砂类土不得少于6 h，对含有机质超过干土质量5%～10%的土，应将温度控制在65～70℃的恒温下烘至恒量。因为有机质土在105～110℃温度下，经长时间烘干后，有机质特别是腐殖酸会在烘干过程中逐渐分解而不断损失，使测得的含水率比实际含水率大，土中有机质含量越高，误差就越大。

3）将称量盒从烘箱中取出，盖上盒盖，放入干燥容器内冷却至室温，称盒加干土质量，精确至0.01 g。

2.2.3　注意事项

1）刚刚烘干的土样要等冷却后再称重。

2）称量时精确至小数点后2位。

3）本试验需进行2次平行测定取其算术平均值，允许平行差值应符合表2.1的规定。

表2.1　允许平行差值

含水率/%	小于10	10～40	大于40
允许平行差值/%	0.5	1.0	2.0

2.2.4　试样的含水率计算公式

试样的含水率应按下式计算，精确至0.1%。

$$w=\left(\frac{m_0}{m_d}-1\right)\times 100 \tag{2-1}$$

式中：w——含水率（%）；

m_0——湿土质量（g）；

m_d——干土质量（g）。

2.2.5 含水率试验的记录表(表 2.2)。

表 2.2 含水率试验记录及计算

工程名称：　　　　　　　　　　　　　　试验者：
工程编号：　　　　　　　　　　　　　　计算者：
试验日期：　　　　　　　　　　　　　　审核者：

试样编号	土样说明	盒号	盒质量(g)	盒+湿土质量(g)	盒+干土质量(g)	水的质量(g)	干土重(g)	含水率(%)	平均含水率(%)
			(1)	(2)	(3)	(4)=(2)−(3)	(5)=(3)−(1)	$(6)=\frac{(4)}{(5)}$	(7)

第三章 密度试验

3.1 概述

土的密度 ρ，定义为单位体积土颗粒（固相）的质量，即土的质量密度，单位为 $g \cdot cm^{-3}$，是土的三大基本物理性质指标之一。土的密度反映了土体的松密（沉积、堆积）物理状态，常用于土的其他物理性质指标换算，且为地基自重应力、土工结构应力计算基本参数。考虑重力加速度 g 时，即为土的重力密度 $\gamma(\gamma=\rho g)$，单位为 $kN \cdot m^{-3}$。

一般黏性土、砂性土等细粒土宜采用环刀法。试样易碎裂、难以切削时，可采用蜡封法，更适合于不宜自稳的砂性土试样。

3.2 环刀法

本试验方法适用于细粒土。

3.2.1 试验仪器设备

本试验所用的主要仪器设备，应符合下列规定：

1）环刀：尺寸参数应符合国家现行标准《岩土工程仪器基本参数及通用技术条件》GB/T 15406—2007 及《土工试验仪器环刀》SL 370—2006 的规定。

2）天平：称量 500 g，最小分度值 0.1 g；称量 200 g，最小分度值 0.01 g。

3）其他：切土刀、钢丝锯、毛玻璃和圆玻璃片等。

3.2.2 环刀法试验步骤

环刀法测定密度，根据试验要求用环刀切取试样时，应在环刀内壁涂一薄层凡士林，刃口向下放在土样上，将环刀垂直下压，并用切土刀沿环刀外侧切削土样，边压边削至土样高出环刀，根据试样的软硬采用钢丝锯或切土刀整平环刀两端土样，并及时在两端盖上圆玻璃片，以免水分蒸发。擦净环刀外壁，称环刀和土的总质量。

3.2.3 试样的湿密度计算公式

试样的湿密度应按下式计算：

$$\rho = \frac{m_0}{V} \tag{3-1}$$

式中：ρ ——试样的湿密度(g/cm^3)，精确到 0.01 g/cm^3；

V ——环刀容积(cm^3)。

3.2.4 试样的干密度计算公式

试样的干密度，应按下式计算：

$$\rho_d = \frac{\rho}{1+0.01w} \tag{3-2}$$

式中：ρ_d ——试样的干密度(g/cm^3)。

3.2.5 注意事项

本试验应进行两次平行测定，两次测定的差值不得大于 0.03 g/cm^3，取两次测值的算术平均值。

3.2.6 环刀法试验的记录表

表 3.1 密度试验记录表(环刀法)

工程名称： 试验者：

工程编号： 计算者：

试验日期： 审核者：

试样编号	环刀号	环刀质量(g)	环刀＋湿土质量(g)	湿土质量 m_0 (g)	试样体积 $V(cm^3)$	湿密度 ρ (g/cm^3)	平均湿密度 $\bar{\rho}$ (g/cm^3)	平均干密度 $\bar{\rho}_d$ (g/cm^3)

3.3 蜡封法

蜡封法密度试验方法，是依据阿基米德原理(即物体在水中失去的质量等于排开同体积水的质量)来测出土的体积。为考虑土体浸水后崩解、吸水等问题，在土体外涂一层蜡。

3.3.1 试验仪器设备

1) 蜡封设备：可调节温度的熔蜡加热器。

2) 天平：称量 500 g，最小分度值 0.1 g；称量 200 g，最小分度值 0.01 g。

3.3.2 蜡封法试验步骤

1) 切取体积约 30 cm^3 的代表性试样，清除表面浮土及尖锐棱角，系上细线，称试样质量，精确至 0.01 g，取代表性试样测定含水率。

2) 持线将试样缓缓浸入刚过熔点的蜡液中，待全部浸没后立即提出，检查试样周围的蜡膜有无气泡存在。当有气泡时，应当用热针刺破，并涂平孔口。冷却后称量蜡封试样质量，精确至 0.1 g。

3) 将蜡封试样挂在天平的一端，浸没于盛有纯水的烧杯中，称蜡封试样在纯水中的质量，精确至 0.1 g。并测记纯水的温度。

4) 取出试样，擦干蜡面上的水分，再称蜡封试样质量，准确至 0.1 g。当浸水后试样质量增加时，应另取试样重做试验。

3.3.3 试样的湿密度及干密度计算公式

试样的湿密度及干密度应按下式计算：

$$\rho = \frac{m_0}{\dfrac{m_n - m_{nw}}{\rho_{wT}} - \dfrac{m_n - m_0}{\rho_n}} \tag{3-3}$$

$$\rho_d = \frac{\rho}{1 + 0.01w} \tag{3-4}$$

式中：m_n ——试样加蜡质量(g)；

m_{nw} ——试样加蜡在水中的质量(g)；

ρ_{wT} ——纯水在 T℃时的密度(g/cm^3)，精确至 0.01 g/cm^3；

ρ_n——蜡的密度(g/cm^3),精确至 0.01 g/cm^3。

3.3.4 注意事项

本试验应进行两次平行测定,其最大允许平行差值应为±0.03 g/cm^3,试验结果取其算数平均值。

3.3.5 蜡封法试验记录表(表 3.2)

表 3.2 密度试验记录表(蜡封法)

工程名称： 试验者：
工程编号： 计算者：
试验日期： 审核者：

蜡的密度 $\rho_n = 0.92\ g/cm^3$

试样编号	试样质量 m (g)	试样加蜡质量 (g)	试样加蜡在水中质量 (g)	温度 (℃)	水的密度 (g/cm^3)	试样加蜡体积 (cm^3)	蜡体积 (cm^3)	试样体积 (cm^3)	湿密度 ρ (g/cm^3)	含水率 w (%)	干密度 ρ_d (g/cm^3)	平均干密度 $\bar{\rho}_d$ (g/cm^3)	备注
	(1)	(2)	(3)	—	(4)	$(5)=\frac{(2)-(3)}{(4)}$	$(6)=\frac{(2)-(1)}{\rho_n}$	(7)=(5)−(6)	$(8)=\frac{(1)}{(7)}$	(9)	$(10)=\frac{(8)}{1+0.01(9)}$	(11)	

第四章　比 重 试 验

4.1　概述

土的比重 G_s 是指土粒在温度 105～110℃下烘至恒重时的质量与同体积 4℃时纯水质量的比值，在数值上，土粒的比重与其密度相同，但 G_s 无量纲。

土的比重是土的三大物理性质指标之一，不仅可用于换算土的其他物理性质指标，且可用于土的粒度成分试验分析（比重计法试验）、土体类别评价等。

测定土粒比重时，可根据粒径大小，选择不同的试验方法。对于粒径小于 5 mm的土适合用比重瓶法进行；对于粒径不小于 5 mm 的土，且其中粒径大于 20 mm的颗粒含量小于 10%时适合用浮称法；对于粒径大于 20 mm 的土，且其颗粒含量不小于 10%时适合用虹吸筒法。

一般土粒的比重应用纯水测定；对含有易溶盐、亲水性胶体或有机质的土，应用煤油等中性液体替代纯水测定。

4.2　比重瓶法

4.2.1　试验仪器设备

1）比重瓶：容积 100 mL 或 50 mL，分长颈和短颈两种。

2）恒温水槽：最大允许误差范围应为±1℃。

3）砂浴：应能调节温度。

4）天平：称量 200 g，最小分度值 0.001 g。

5）温度计：刻度为 0℃～50℃，最小分度值为 0.5℃。

6）真空抽气设备：真空度－98 kPa。

7）筛：孔径 5 mm。

8）其他：烘箱、纯水、中性液体、漏斗、滴管。

4.2.2 比重瓶的校准步骤

1）将比重瓶洗净、烘干，置于干燥器内，冷却后称量，称量两次，精确至0.001 g。取其算术平均值，其最大允许平均差值应为±0.002 g。

2）将煮沸经冷却的纯水注入比重瓶。对长颈比重瓶应注水至刻度处；对短颈比重瓶应注满纯水，塞紧瓶塞，多余水自瓶塞毛细管中溢出。然后将比重瓶移入恒温水槽直至瓶内水温稳定。取出比重瓶，擦干外壁，称瓶、水总质量，精确至0.001 g。测定两次，取其算术平均值，其最大允许平均差值应为±0.002 g。

3）将恒温水槽水温以5℃级差进行调节，逐级测定不同温度下的瓶、水总质量。

4）以瓶、水总质量为横坐标，以温度为纵坐标，绘制瓶、水总质量与温度的关系曲线。

4.2.3 比重瓶法试验步骤

1）将比重瓶烘干。当使用100 mL比重瓶时，应称粒径小于5 mm的烘干土15 g装入；当使用50 mL比重瓶时，应称粒径小于5 mm的烘干土12 g装入。

2）向比重瓶内注入半瓶纯水，摇动比重瓶，并放在砂浴上煮沸，煮沸时间自悬液沸腾起砂土不应少于30 min，细粒土不得少于1 h。煮沸时应注意不使土液溢出瓶外。

3）将纯水注入比重瓶，当采用长颈比重瓶时，注水至略低于瓶的刻度处；当采用短颈比重瓶时，应注水至近满。用恒温水槽时，可将比重瓶放于恒温水槽内。待瓶内悬液稳定及瓶上部悬液澄清。

4）当采用长颈比重瓶时用滴管调整液面恰至刻度处，以弯液面下缘为准，擦干瓶外及瓶内壁刻度以上部分的水，称瓶、水、土总质量；当采用短颈比重瓶时，塞好瓶塞，使多余水分自瓶塞毛细管中溢出，将瓶外水分擦干后，称瓶、水、土总质量。称量后应测定瓶内温度。

5）根据测得的温度，从已绘制的温度与瓶、水总质量关系曲线中查得瓶、水总质量。

6）对于含有可溶盐、有机质、亲水性胶体时，必须用中性液体（如煤油）代替纯水，并采用真空抽气法代替煮沸法，排除土中空气。抽气时真空度应接近一个大气负压值（−98 kPa），抽气时间为1～2 h，直至悬液内无气泡溢出为止。其余步骤按上述3）～5）步进行。

7）本试验称量应精确至 0.001 g，温度应精确至 0.5℃。

4.2.4 土粒比重计算公式

1）用纯净水测定时：

$$G_s = \frac{m_d}{m_{bw} + m_d - m_{bws}} G_{wT} \tag{4-1}$$

式中：m_{bw} ——比重瓶、水总质量(g)；

m_{bws} ——比重瓶、水、干土总重量(g)；

G_{wT} ——T℃时纯水的比重(可查物理手册)，精确至 0.001。

2）用中性液体测定时：

$$G_s = \frac{m_d}{m_{bk} + m_d - m_{bks}} G_{kT} \tag{4-2}$$

式中：m_{bk} ——比重瓶、中性液体总质量(g)；

m_{bks} ——比重瓶、中性液体、干土总重量(g)；

G_{kT} ——T℃时中性液体的比重(实测得)，精确至 0.001。

4.2.5 注意事项

本试验必须进行两次平行测定，取两次测值的算术平均值，最大允许平行差值应为±0.02。

4.2.6 比重试验的记录表(比重瓶法)(表 4.1)

表 4.1 比重试验记录表(比重瓶法)

工程名称： 试验者：

工程编号： 计算者：

试验日期： 审核者：

试样编号	比重瓶号	温度(℃)	液体比重	干土质量(g)	比重瓶、液总质量(g)	比重瓶、液、土总质量(g)	与干土同体积的液体质量(g)	比重	平均比重	备注
		(1)	(2)	(3)	(4)	(5)	(6)=(3)+(4)−(5)	(7) = $\frac{(3)}{(6)}\times$(2)		

第五章　颗粒分析试验

5.1　概述

天然土体的土是由大小(粒度)不同的颗粒组成,颗粒粒度分析试验是测定土中各粒组含量占该土颗粒总质量的百分数。土的颗粒大小、级配和粒组含量是土的工程分类的重要依据。土粒大小与土的矿物组成、生成历时与环境等有关,颗粒分析试验是土工基本试验之一。

颗粒分析试验可分为筛析法和沉降分析法,其中沉降分析法又有密度计法(比重计法)和移液管法等。对于粒径大于 0.075 mm 的土粒可用筛析的方法来测定。而对于粒径小于 0.075 mm 的土粒则用沉降分析法(密度计法或移液管法)来测定。当土中粗细兼有时,应联合使用筛析法和密度计法或筛析法和移液管法。

5.2　筛析法

筛析法就是将土样通过各种不同孔径的筛子,并按筛孔径的大小将颗粒加以分组,然后称量,计算各粒组的质量百分比。筛析法是测定土的颗粒组成最简单的一种试验方法。本试验方法适用于粒径小于等于 60 mm 且大于 0.075 mm 的土。

5.2.1　试验仪器设备

1) 粗筛:孔径为 60 mm、40 mm、20 mm、10 mm、5 mm、2 mm;

2) 细筛:孔径为 2.0 mm、1.0 mm、0.5 mm、0.25 mm、0.1 mm、0.075 mm;

3) 天平:称量 1 000 g,分度值 0.1 g;称量 200 g,分度值 0.01 g;

4) 台秤:称量 5 kg,分度值 1 g;

5）振筛机：应符合现行行业标准《实验室用标准筛振荡机技术条件》DZ/T 0118 的规定；

6）其他：烘箱、量筒、漏斗、瓷杯、附带橡皮头研杵的研钵、瓷盘、毛刷、匙，木碾。

5.2.2 筛析法试验步骤

1）从风干、松散的土样中，用四分法按下列规定取出代表性试样：

颗粒尺寸(mm)	取样质量(g)
＜2	100～300
＜10	＞300～1 000
＜20	＞1 000～2 000
＜40	＞2 000～4 000
＜60	＞4 000

2）砂砾土筛析法应按如下步骤进行：

(1) 应按上文试验步骤 1)规定的数量取出试样，称量应精确至 0.1 g；当试样质量大于 500 g 时，应精确至 1 g。

(2) 将试样过 2 mm 的细筛，分别称出筛上和筛下土质量。

(3) 若 2 mm 筛下的土小于试样总质量的 10%，则可省略细筛筛析；若2 mm 筛上的土小于试样总质量的 10%，则可省略粗筛筛析。

(4) 取 2 mm 筛上试样倒入一次叠好的粗筛的最上层筛中；取 2 mm 筛下试样倒入一次叠好的细筛的最上层筛中，进行筛析。细筛宜放在振筛机上振摇，振摇时间应为 10～15 min。

(5) 由最大孔径开始，按顺序将各筛取下，在白纸上轻叩摇晃筛，当仍有土粒漏下时，应继续轻叩摇晃筛，直至无土粒漏下为止。漏下的土粒应全部放入下级筛内，并将留在各筛上的试样分别称量，当试样质量小于 500 g 时，精确至 0.1 g。

(6) 筛前试样总质量与筛后各级筛上和筛底试样质量的总和的差值不得大于试样总质量的 1%。

3）含有黏土粒的砂砾土应按如下步骤进行：

(1) 将土样放在橡皮板上用木碾将黏土的土团充分碾散，用四分法取样，取样时应按上文步骤 1)的规定称取代表性的土样，置于盛有清水的瓷盘中，用搅棒搅拌，使试样充分浸润和粗细颗粒分离。

（2）将浸润后的混合液过 2 mm 的细筛，边搅拌边冲洗边过筛，直至筛上仅留大于 2 mm 的土粒为止。然后将筛上的土烘干称量，精确至 0.1 g。按上文步骤 2）中第（3）（4）项的规定进行粗筛筛析。

（3）用带橡皮头的研杵研磨粒径小于 2 mm 的混合液，待稍沉淀，将上部悬液过 0.075 mm 的筛。再向瓷盆加清水研磨，静置过筛。如此反复，直至盆内悬液澄清。最后将全部土料倒在 0.075 mm 筛上，用水冲洗，直至筛上仅留粒径大于 0.075 mm 的净砂为止。

（4）将粒径大于 0.075 mm 的净砂烘干称量，精确至 0.01 g。按上文步骤 2）中第（3）（4）项的规定进行细筛筛析。

（5）将粒径大于 2 mm 的土和粒径为 2～0.075 mm 的土的质量从原土总质量中减去，即得粒径小于 0.075 mm 的土的质量。

（6）当粒径小于 0.075 mm 的试样质量大于总质量的 10%时，应按密度计法或移液管法测定粒径小于 0.075 mm 的颗粒组成。

5.2.3　小于某粒径的试样质量占试样总质量百分数计算公式

$$X=\frac{m_A}{m_B}d_x \tag{5-1}$$

式中：X ——小于某粒径的试样质量占试样总质量的百分比（%）；

m_A ——小于某粒径的颗粒质量（g）；

m_B ——当细筛分析时或用密度计法分析时所取试样质量（粗筛分析时则为试样总质量）（g）；

d_x ——粒径小于 2 mm 或粒径小于 0.075 mm 的试样质量占总质量的百分数（%）。

5.2.4　绘制颗粒大小分布曲线

以小于某粒径的试样质量占试样总质量的百分数为纵坐标，颗粒粒径为横坐标，在单对数坐标上绘制颗粒大小分布曲线。

5.2.5　级配指标不均匀系数和曲率系数 C_u、C_c 计算公式

1）不均匀系数：

$$C_u=\frac{d_{60}}{d_{10}} \tag{5-2}$$

式中：C_u ——不均匀系数；

d_{60} ——限制粒径(mm),在粒径分布曲线上小于该粒径的土含量占总质量的60%的粒径;

d_{10} ——有效粒径(mm),在粒径分布曲线上小于该粒径的土含量占总质量的10%的粒径。

2) 曲率系数:

$$C_c = \frac{d_{30}^2}{d_{60} d_{10}} \tag{5-3}$$

式中:C_c ——曲率系数;

d_{30} ——在粒径分布曲线上小于该粒径的土含量占总土质量的30%的粒径(mm)。

5.2.6 颗粒分析试验记录表(表5.1)

表5.1 颗粒分析试验记录表(筛析法)

工程名称: 试验者:

工程编号: 计算者:

试验日期: 审核者:

风干土质量=________g 粒径小于0.075 mm的土占总土质量百分数 X=________%

2 mm筛上土质量=________g 粒径小于2 mm的土占总土质量百分数 X=________%

2 mm筛下土质量=________g 细筛分析时所取试样质量 m_B = ________g

试验筛编号	孔径(mm)	累积留筛土质量(g)	小于某粒径的试样质量 m_A(g)	小于某粒径的试样质量百分比(%)	小于某孔径的试样质量占试样总质量的百分数(%)
底盘总计					

5.3 密度计法

密度计分析法适用于粒径小于0.075 mm的试样。试验时将一定质量的土样放在量筒中，加水混合制成一定量的土悬液（例如体积 1 000 mL）。悬液经过搅拌，大小颗粒均匀地分布于水中，因此悬液的浓度上下一致。静置悬液，让土粒下沉，在土粒下沉过程中用密度计在悬液里测读出对应于不同时间的不同悬液密度，根据密度计读数和土粒的下沉时间，计算出小于某一粒径的颗粒占土样总质量的百分数。

密度计在颗粒分析试验中有两个作用：一是测量悬液的密度；二是测量土粒沉降的距离。

5.3.1　仪器设备

1）密度计（须有计量部门的鉴定书）：

（1）甲种密度计：刻度单位以 20℃每 1 000 mL 悬液中的含土质量的克数表示，刻度为－5～50，最小分度值为 0.5。

（2）乙种密度计：刻度单位以 20℃时悬液比重表示，刻度为0.995～1.020，最小分度值为 0.000 2。

2）量筒：容积为 1 000 mL，内径为 60 mm，高度为 450 mm，刻度为 0～1 000 mL，读数精确至 10 mL。

3）试验筛应符合下列规定：

细筛：孔径 2 mm、1 mm、0.5 mm、0.25 mm、0.15 mm；

洗筛：孔径 0.075 mm。

4）洗筛漏斗：上口径略大于洗筛直径，下口径略小于量筒内径。

5）天平：称量 1 000 g，最小分度值 0.1 g；称量 200 g，最小分度值 0.01 g。

6）温度计：测量范围为 0～50℃，最小分度值 0.5℃。

7）煮沸设备：附冷凝管装置。

8）搅拌器：轮径为 50 mm，杆径为 3 mm，杆长约 450 mm，带螺旋叶。

9）其他：秒表、研钵、木杵、电导率仪、烘箱、锥形瓶（容积为 500 mL）、蒸发皿、试剂（4%六偏磷酸钠溶液）等。

5.3.2　密度计校正

密度计的校正，应符合下列规定：

1）密度计刻度校正与土粒沉降距离校正。

2）温度校正：密度计是 20℃时刻制的，当悬液温度不等于 20℃时，应进行校正，校正值可查表 5.2。

表 5.2　温度校正值

悬液温度(℃)	甲种密度计温度校正值 m_T	乙种密度计温度校正值 m'_T	悬液温度(℃)	甲种密度计温度校正值 m_T	乙种密度计温度校正值 m'_T
10.0	−2.0	−0.001 2	20.0	+0.0	+0.000 0
10.5	−1.9	−0.001 2	20.5	+0.1	+0.000 1
11.0	−1.9	−0.001 2	21.0	+0.3	+0.000 2
11.5	−1.8	−0.001 1	21.5	+0.5	+0.000 3
12.0	−1.8	−0.001 1	22.0	+0.6	+0.000 4
12.5	−1.7	−0.001 0	22.5	+0.8	+0.000 5
13.0	−1.6	−0.001 0	23.0	+0.9	+0.000 6
13.5	−1.5	−0.000 9	23.5	+1.1	+0.000 7
14.0	−1.4	−0.000 9	24.0	+1.3	+0.000 8
14.5	−1.3	−0.000 8	24.5	+1.5	+0.000 9
15.0	−1.2	−0.000 8	25.0	+1.7	+0.001 0
15.5	−1.1	−0.000 7	25.5	+1.9	+0.001 1
16.0	−1.0	−0.000 6	26.0	+2.1	+0.001 3
16.5	−0.9	−0.000 6	26.5	+2.2	+0.001 4
17.0	−0.8	−0.000 5	27.0	+2.5	+0.001 5
17.5	−0.7	−0.000 4	27.5	+2.6	+0.001 6
18.0	−0.5	−0.000 3	28,0	+2.9	+0.001 8
18.5	−0.4	−0.000 3	28.5	+3.1	+0.001 9
19.0	−0.3	−0.000 2	29.0	+3.3	+0.002 1
19.5	−0.1	−0.000 1	29.5	+3.5	+0.002 2
20.0	−0.0	−0.000 0	30.0	+3.7	+0.002 3

3）土粒比重校正：密度计刻度应以土粒比重 2.65 为准。当试样的土粒比重不等于 2.65 时，应进行土粒比重校正，校正值可查表 5.3。

表 5.3　土粒比重校正值

土粒比重	比重校正值		土粒比重	比重校正值	
	甲种密度计（C_s）	乙种密度计（C_s'）		甲种密度计（C_s）	乙种密度计（C_s'）
2.50	1.038	1.666	2.70	0.989	1.588
2.52	1.032	1.658	2.72	0.985	1.581
2.54	1.027	1.649	2.74	0.981	1.575
2.56	1.022	1.641	2.76	0.977	1.568
2.58	1.017	1.632	2.78	0.973	1.562
2.60	1.012	1.625	2.80	0.969	1.556
2.62	1.007	1.617	2.82	0.965	1.549
2.64	1.002	1.609	2.84	0.961	1.543
2.66	0.998	1.603	2.86	0.958	1.538
2.68	0.993	1.595	2.88	0.954	1.532

5.3.3　试验步骤

密度计法试验应按如下步骤进行：

1）宜采用风干土试样，并按下式计算试样干土质量为 30 g 时所需的风干土质量：

$$m_0 = m_d(1 + 0.01w_0) \tag{5-4}$$

式中：w_0——风干土含水率（%）。

2）当试样中易溶盐含量大于总质量的 0.5%时，应洗盐。易溶盐含量检测可用电导法或目测法：

（1）电导法应按电导率仪使用说明书操作，测定温度 T ℃时试样溶液（土水比 1∶5）的电导率，20 ℃时的电导率应按下式计算：

$$K_{20} = \frac{K_T}{1 + 0.02(T - 20)} \tag{5-5}$$

式中：K_{20}——20 ℃时悬液的电导率（μS/cm）；

K_T ——T ℃时悬液的电导率(μS/cm)；

当 $K_{20}>1\,000$ μS/cm 时，应洗盐。

(2) 用目测法则取风干试样 3 g 放入烧杯中，加适量纯水调成糊状研散，再加 25 mL 纯水，煮沸 10 min，冷却后移入试管中，静置过夜，观察试管，若出现凝聚现象应洗盐。

3) 洗盐应按下列步骤进行：

(1) 将分析用的试样放入调土杯内，注入少量的蒸馏水，拌和均匀。然后迅速倒入贴有滤纸的漏斗中，并注入蒸馏水冲洗过滤。附在调土杯上的土粒全部洗入漏斗。若发现滤液浑浊时应重新过滤。

(2) 应经常使漏斗内的液面保持高出土面 5 cm。每次加水后，应用表面皿盖住漏斗。

(3) 检查易溶盐清洗程度，可用 2 个试管各取刚滤下的滤液 3～5 mL，一管加入 3～5 滴 10%盐酸和 5%氯化钡；另一管加入 3～5 滴 10%硝酸和 5%硝酸银。当发现试管中有白色沉淀时，试样中的易溶盐未洗干净，应继续清洗，直至检查时试管中均不再发现白色沉淀为止。

(4) 洗盐后将漏斗中的土样仔细洗下，风干试样。

4) 称风干试样 30 g 倒入锥形瓶，注入纯水 200 mL，浸泡约 12 h。

5) 将锥形瓶放在煮沸设备上，连接冷凝管进行煮沸，煮沸时间约为 1 h。

6) 将冷却后的悬液倒入瓷杯中，静置 1 min，将上部悬液倒入量筒。杯底沉淀物用带橡皮头研杵仔细研散，加水，经搅拌后静置 1 min，再将上部悬液倒入量筒。如此反复操作，直至杯内悬液澄清为止。当土中粒径大于 0.075 mm 的颗粒大致超过试样总质量的 15%时，应将其全部倒至 0.075 mm 筛上冲洗，直至筛上仅留大于 0.075 mm 的颗粒为止。

7) 将留在洗筛上的颗粒洗入蒸发皿内，倾去上部清水，烘干称量，按 5.2.2 小节步骤 2)的规定进行细筛筛析。

8) 将过筛悬液倒入量筒，加入 4%浓度的六偏磷酸钠试剂 10 mL，再注入纯水 1 000 mL。当加入六偏磷酸钠后土样产生凝聚时，应选用其他分散剂。

9) 用搅拌器在量筒内沿整个悬液深度上下搅拌 1 min，往返各 30 次，使悬液均匀分布。取出搅拌器，立即开动秒表，分别测记 0.5 min、1 min、5 min、15 min、30 min、60 min、120 min、240 min、1 440 min 时密度计读数。每次读数前 10～20 s 将密度计小心地放入悬液中适当深度，读数以后，取出密度计

(0.5 min及 1 min读数除外),放入盛有清水的量筒中。

10) 密度计读数均以弯液面上缘为准。甲种密度计应精确至0.5,乙种密度计应精确至0.000 2。每次读数后,还应测记相应的悬液温度,精确至0.5℃。放入或取出密度计时,应尽量减少悬液的扰动。

11) 当试样在分析前未过0.075 mm洗筛,在密度计第一个读数时,发现下沉的土粒已超过试样总质量的15%时,则应于试验结束后,将量筒中土粒过0.075 mm筛,应按5.3.3第7条的方法进行筛析,并计算各级颗粒占试样总质量的百分比。

5.3.4　小于某粒径的试样质量占试样总质量的百分数计算公式

1) 甲种密度计

$$X = \frac{100}{m_{\mathrm{d}}} C_{\mathrm{s}} (R_1 + m_{\mathrm{T}} + n_{\mathrm{w}} - C_{\mathrm{D}}) \tag{5-6a}$$

$$C_{\mathrm{s}} = \frac{\rho_{\mathrm{s}}}{\rho_{\mathrm{s}} - \rho_{\mathrm{w20}}} \cdot \frac{2.65 - \rho_{\mathrm{w20}}}{2.65} \tag{5-6b}$$

式中:X ——小于某粒径的试样质量百分数(%);

m_{d} ——试样干质量(干土质量)(g);

C_{s} ——土粒比重校正值,查表5.3;

R_1——甲种密度计读数;

m_{T} ——悬液温度校正值,查表5.2;

n_{w} ——弯液面校正值;

C_{D} ——分散剂校正值;

ρ_{s} ——土粒密度(g/cm^3);

ρ_{w20} ——20℃时水的密度(g/cm^3)。

2) 乙种密度计

$$X = \frac{100V}{m_{\mathrm{d}}} C'_{\mathrm{S}} [(R_2 - 1) + m'_{\mathrm{T}} + n'_{\mathrm{w}} - C'_{\mathrm{D}}] \rho_{\mathrm{w20}} \tag{5-7a}$$

$$C'_{\mathrm{s}} = \frac{\rho_{\mathrm{s}}}{\rho_{\mathrm{s}} - \rho_{\mathrm{w20}}} \tag{5-7b}$$

式中:V_{x} ——悬液体积(1 000 mL);

C'_s——土粒比重校正值，查表 5.3；

R_2——密度计读数；

m'_T——悬液温度校正值，查表 5.2；

ρ_{w20}——温度 20℃时水的密度(g/cm³)；

C'_D——分散剂校正值。

其余符号意义同前。

5.3.5 土粒直径计算公式

$$d = \sqrt{\frac{1\,800 \times 10^4 \eta}{(G_s - G_{wT})\rho_{w4} g} \cdot \frac{L}{t}} \tag{5-8}$$

式中：d——试样颗粒粒径(mm)；

η——水的动力黏滞系数，(10^{-6} kPa·s，查表 5.4)；

ρ_{w4}——4℃时纯水的密度(g/cm³)；

L——某一时间 t 内的土粒沉降距离(cm)；

t——沉降时间(s)；

g——重力加速度(cm/s²)；

5.3.6 绘制颗粒大小分布曲线

以小于某粒径的土质量百分数为纵坐标，以粒径为横坐标，在单对数纸上，绘制颗粒大小分布曲线，当与筛析法联合分析，应将两段曲线绘成一平滑曲线。

表 5.4 水的动力黏滞系数、黏制系数比、温度校正系数

温度 T(℃)	动力黏滞系数 η (1×10^{-6} kPa·s)	η_T/η_{20}	温度校正 系数 T_D
5.0	1.516	1.501	1.17
5.5	1.493	1.478	1.19
6.0	1.470	1.455	1.21
6.5	1.449	1.435	1.23
7.0	1.428	1.414	1.25
7.5	1.407	1.393	1.27

（续表）

温度 T(℃)	动力黏滞系数 η (1×10^{-6} kPa·s)	η_T/η_{20}	温度校正 系数 T_D
8.0	1.387	1.373	1.28
8.5	1.367	1.353	1.30
9.0	1.347	1.334	1.32
9.5	1.328	1.315	1.34
10.0	1.310	1.297	1.36
10.5	1.292	1.279	1.38
11.0	1.274	1.261	1.40
11.5	1.256	1.243	1.42
12.0	1.239	1.227	1.44
12.5	1.223	1.211	1.46
13.0	1.206	1.194	1.48
13.5	1.188	1.176	1.50
14.0	1.175	1.163	1.52
14.5	1.160	1.148	1.54
15.0	1.144	1.133	1.56
15.5	1.130	1.119	1.58
16.0	1.115	1.104	1.60
16.5	1.101	1.109	1.62
17.0	1.088	1.077	1.64
17.5	1.074	1.066	1.66
18.0	1.061	1.050	1.68
18.5	1.048	1.038	1.70

(续表)

温度 T(℃)	动力黏滞系数 η (1×10^{-6}kPa·s)	η_T/η_{20}	温度校正 系数 T_D
19.0	1.035	1.025	1.72
19.5	1.022	1.012	1.74
20.0	1.010	1.000	1.76
20.5	0.998	0.988	1.78
21.0	0.986	0.976	1.80
21.5	0.974	0.964	1.83
22.0	0.963	0.953	1.85
22.5	0.952	0.943	1.87
23.0	0.941	0.932	1.89
24.0	0.919	0.910	1.94
25.0	0.899	0.890	1.98
26.0	0.879	0.870	2.03
27.0	0.859	0.850	2.07
28.0	0.841	0.833	2.12
29.0	0.823	0.815	2.16
30.0	0.806	0.798	2.21
31.0	0.789	0.781	2.25
32.0	0.773	0.765	2.30
33.0	0.757	0.750	2.34
34.0	0.742	0.735	2.39
35.0	0.727	0.720	2.43
—	—	—	—

5.3.7 颗粒分析试验记录表(表5.5)

表5.5 颗粒分析试验记录表(密度计法)

工程编号：　　　　　　　　　　　　　　　　　　　　试验者：

土样编号：　　　　　　　　　　　　　　　　　　　　计算者：

试验日期：　　　　　　　　　　　　　　　　　　　　校核者：

密度计号：

粒径小于0.075 mm颗粒土质量百分数　　风干土质量：________g　　干土总质量 30 g

土粒比重 G_s：________　比重校正值 C_s：________　弯液面校正值 n_w ________

试样处理说明：________________

试验时间	下沉时间 t (min)	悬液温度 T (℃)	密度计读数					土粒落距 L (cm)	粒径 d (mm)	小于某粒径的土质量百分数(%)	小于某粒径试样质量占总土质量百分数 X (%)
			密度计读数 (R_1)	温度校正 (m_T)	分散剂校正值 (C_D)	$R_M=R_1+m_T+n_w-C_D$	$R_H=R_MC_s$				

第六章　界限含水率试验

6.1　概述

天然沉积黏性土因含水率不同，将分别处于不同稠度（软硬）状态。黏性土稠度状态基本划分为流动状态、可塑状态和（半）坚硬状态。其中，流动状态与可塑状态分界含水率称为液限 w_L，即黏性土含水率 w 超过该土的 w_L 时，判定为流动状态；与此类似，黏性土的可塑状态与（半）坚硬状态间的界限含水率，称为塑限 w_P，即黏性土 w 超过 w_P 时（小于 w_L），判定为可塑状态。当然，黏性土 w 小于 w_P 时，黏性土处于（半）坚硬状态。界限含水率液限与塑限，不仅是黏性土重要的水理性质特征指标，揭示了黏性土可塑状态的持水能力，而且可直接用于黏性土稠度状态工程性能划分与评价。必须指出，界限含水率 w_L 和 w_P 属于典型的重塑土水理性质特征指标，用于土体稠度工程判别时，完全忽略土体沉（堆）积状态的结构属性。

此外，饱和黏性土随着含水量减小土体（孔隙）体积相应减小，当 w 小于 w_P 后达到某一临界含水率 w_S 时，黏性土体体积不再减小（非饱和土），该界限含水率称为缩限。

目前国内外测定黏性土液限与塑限的方法基本有两种：一种是锥式液限仪，例如英国、俄罗斯以及东欧一些国家常用这种仪器，它的特点是仪器结构简单、操作方便、标准易于统一。另一种仪器是碟式液限仪，如美国、日本、德国、澳大利亚等国常用。目前我国在锥式液限仪的基础上做了一些改进，是一种既能确定液限又能确定塑限的电测自动装置，称为锥式液塑限联合测定法。必须指出，锥式液限仪虽然简单，本质上是以（规格）嘴尖（制式）贯入的力学响应特征，间接反映黏性土体水理性质。相对而言，液限测试碟式仪液限法、塑限测试滚搓法等，更加符合黏性土水理性质直接试验方法。

本试验适用于粒径小于 0.5 mm，以及有机质含量不大于试样总质量 5% 的土。

6.2　液塑限联合测定法

6.2.1　试验仪器设备

1）液、塑限联合测定仪（图 6.1）：包括带标尺的圆锥仪、电磁铁、显示屏、控制开关、试样杯和升降座。圆锥质量为 76 g，锥角为 30°；读数显示宜采用光电式、游标式和百分表式；

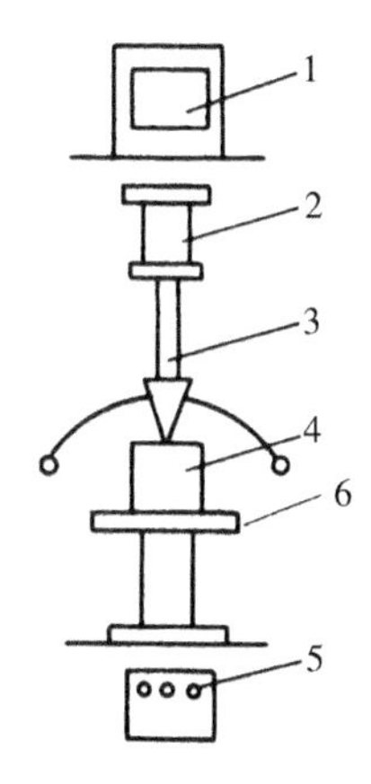

图 6.1　液、塑限联合测定仪示意图

1—显示屏；2—电磁铁；3—带标尺的圆锥仪；4—试样杯；5—控制开关；6—升降座

2）天平：称量 200 g，最小分度值 0.01 g；

3）试样杯：直径 40～50 mm；高 30～40 mm；

4）筛：孔径 0.5 mm；

5）其他：烘箱、干燥缸、铝盒、调土刀、凡士林。

6.2.2　液、塑限联合测定法试验步骤

1）本试验宜采用天然含水率试样，也可采用风干试样。

2）当采用天然含水率试样时，应剔除粒径大于 0.5 mm 的颗粒，再分别按接

近液限、塑限和二者的中间状态调制不同稠度的土膏，静置湿润。静置时间可视原含水率大小而定。

3）当采用风干土样时，取过 0.5 mm 筛的代表性土样约 200 g，分成 3 份，分别放入 3 个盛土皿中，加入不同数量的纯水，调成土膏，放入密封的保湿缸中，静置 24 h。

4）将制备的土膏充分调拌均匀，密实地填入试样杯中，填样时不应留有空隙，应使空气逸出。高出试样杯的余土用刮土刀刮平，将试样杯放在仪器底座上。

5）在圆锥上抹一薄层凡士林，接通电源，使电磁铁吸住圆锥仪。

6）调节零点，将屏幕上的标尺调在零位，调整升降座使圆锥尖接触试样表面，指示灯亮时圆锥在自重作用下沉入试样，经 5 s 后测读圆锥下沉深度（显示在屏幕上），取出试样杯，挖去锥尖入土处的凡士林，取锥体附近的试样不少于 10 g，放入称量盒内，称量，精确至 0.01 g，测定含水率。

7）测试其余 2 个试样的圆锥下沉深度和含水率。

6.2.3　绘制圆锥下沉深度与含水率关系曲线

以含水率为横坐标，以圆锥入土深度为纵坐标在双对数坐标纸上绘制关系曲线（图 6.2），三点应在同一直线上见图 6.2 中 A 线。当三点不在同一直线上时，通过高含水率的点和其余两点连成两条直线，在下沉为 2 mm 处查得相应的两个含水率，当两个含水率的差值小于 2%时，应以两点含水率的平均值与高含水率的点连一直线见图 6.2 中 B 线，当两个含水率的差值≥2%时，应重做试验。

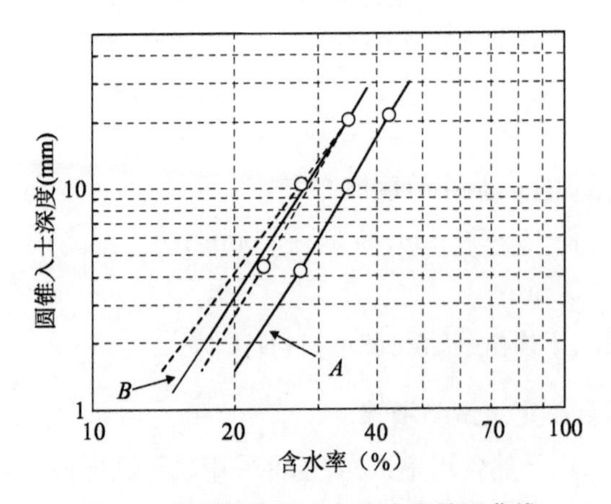

图 6.2　圆锥下沉深度与含水率关系曲线

通过含水率与圆锥下沉深度的关系曲线图查得下沉深度为 17 mm 所对应的含水率为液限，查得下沉深度为 10 mm 所对应的含水率为 10 mm 液限，查得下沉深度为 2 mm 所对应的含水率为塑限，取值以百分数表示，精确至 0.1%。

6.2.4　塑性指数和液性指数计算公式

1）塑性指数应按下式计算：

$$I_P = w_L - w_P \tag{6-1}$$

式中：I_P ——塑性指数；

w_L ——液限(%)；

w_P ——塑限(%)。

2）液性指数应按下式计算：

$$I_L = \frac{w_0 - w_P}{I_P} \tag{6-2}$$

式中：I_L ——液性指数，计算至 0.01。

6.2.5　液、塑限联合测定法的试验记录表(表 6.1)

表 6.1　界限含水率试验记录及计算

工程名称：　　　　　　　　试验者：

工程编号：　　　　　　　　计算者：

试验日期：　　　　　　　　审核者：

试样编号	1		2		3	
圆锥入土深度(mm)						
平均入土深度(mm)						
铝盒编号						
铝盒质量(g)						
铝盒质量+湿土质量(g)						

（续表）

试样编号	1		2		3	
铝盒质量＋干土质量(g)						
湿土质量(g)						
干土质量(g)						
水质量(g)						
含水率(%)						
平均含水率(%)						
液限(%)						
塑限(%)						
塑性指数 $I_P = w_L - w_P$						
土的分类						
备注						

6.3 碟式仪液限法

碟式仪液限试验就是将土碟中的土膏，用开槽器分成两半，以每次 2 s 的速率将土碟从 10 mm 高处落下，当土碟下落击数为 25 次时，两半土膏在碟底的合拢长度恰好达到 13 mm，此时试样的含水率即为液限。本试验方法适用于粒径小于 0.5 mm 的土。

6.3.1 试验仪器设备

1）碟式液限仪(图 6.3)：由土碟和支架组成专用仪器设备，并有专用划刀。

2）天平：称量 200 g，分度值 0.01 g。

3）筛：孔径为 0.5 mm。

4）其他：烘箱、干燥缸、铝盒、调土刀。

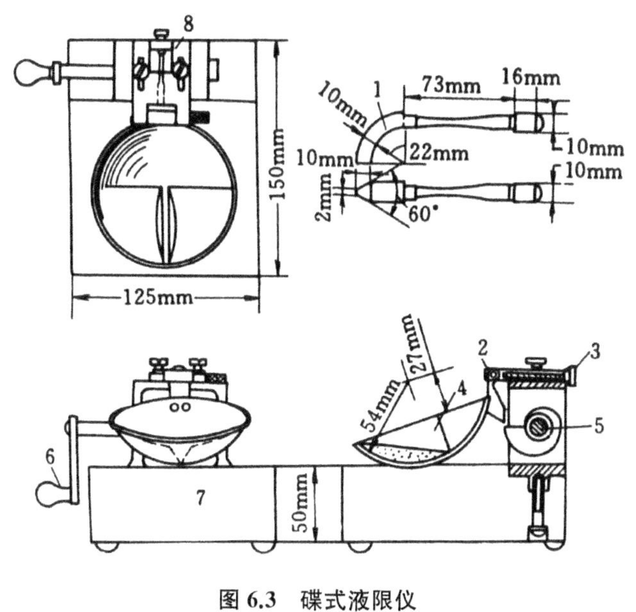

图 6.3　碟式液限仪

1—开槽器;2—销子;3—支架;4—土碟;
5—蜗轮;6—摇柄;7—底座;8—调整板

6.3.2　碟式仪的校准步骤

1）松开调整板的定位螺钉,将开槽器上的量规垫在土碟与底座之间,用调整螺钉将土碟提升高度调整到 10 mm。

2）保持量规位置不变,迅速转动摇柄以检验调整是否正确。当蜗形轮碰击从动器时,土碟不动,并能听到轻微的声音,表明调整正确。

3）拧紧定位螺钉,固定调整板。

6.3.3　碟式仪液限法试验步骤

1）取过 0.5 mm 筛的土样(天然含水率的土样或者风干土样都可以)大约 100 g,放在调土皿中,按需要加入纯净水,用调土刀反复调匀。

2）将调好的土样取一部分,平铺于土碟的前半部分,铺土时应防止试样中混入气泡。用调土刀将土碟前沿试样刮成水平,使试样中心最厚处厚度为 10 mm,多余试样放回调土皿中。以蜗形轮为中心,用划刀从后向前沿土碟中央将试样划成槽缝清晰的两半(图 6.4)。为避免槽缝边扯裂或者试样在土槽中滑动,允许从前向后，再从后向前多划几次，将槽逐步加深，以代替一次划槽，最后一次从后向前的划槽能明显地接触到碟底，但应尽量减少划槽的次数。

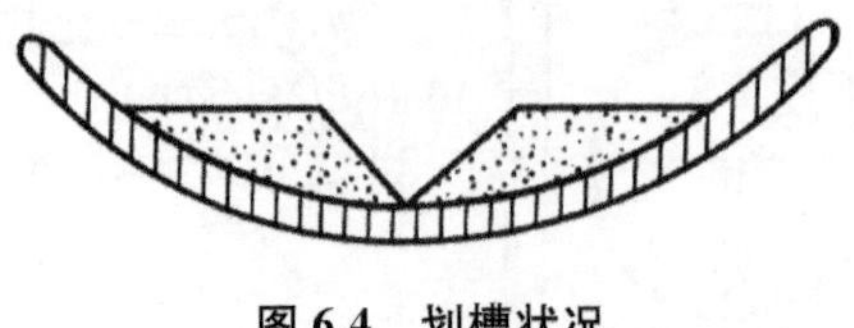

图 6.4　划槽状况

3) 以每秒 2 转的速率转动手柄，使土碟反复起落，坠击于底座上，数记击数，直至试样两边在槽底的合拢长度为 13 mm 为止(图 6.5)，记录击数，并在槽的两边取试样不少于 10 g，放入称量盒内，测定其含水率。

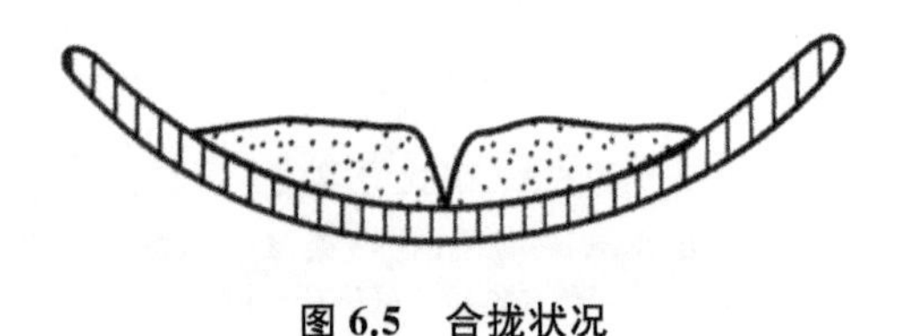

图 6.5　合拢状况

4) 将土碟中的剩余试样移至调土皿中，再加水重新彻底拌和均匀，按照 2)、3)的方法至少再做两次试验。这两次土的稠度应使合拢长度为13 mm时所需击数为 15～35 次，其中 25 次以上及以下各 1 次。然后测定各击次下试样的相应含水率。

6.3.4　各击次下合拢时试样的相应含水率计算公式

$$w=\left(\frac{m_0}{m_d}-1\right)\times 100 \tag{6-3}$$

式中：w ——含水率(%)；

m_0——湿土质量(g)；

m_d ——干土质量(g)。

6.3.5　绘制含水率与击次关系曲线

根据试验结果，以含水率为纵坐标，击数为横坐标，在单对数纸上绘制击数与含水率关系曲线，查得曲线上击数 25 次所对应的含水率，即为该试样的液限。

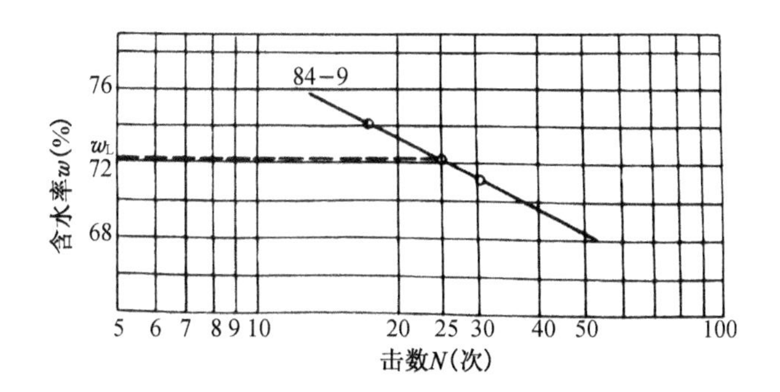

图 6.6　含水率与击数关系曲线

6.3.6　碟式仪液限法试验记录表(表 6.2)

表 6.2　碟式仪液限法试验记录表

工程名称：　　　　　　　　　　　　试验者：

工程编号：　　　　　　　　　　　　计算者：

试验日期：　　　　　　　　　　　　审核者：

碟式仪编号：　　　　　　　　　　　天平编号：

试样编号	击数 N	盒号	湿土质量 m_0(g)	干土质量 m_d(g)	含水率 w(%)	液限 w_L(%)
			(1)	(2)	(3)=((1)/(2)−1)×100	(4)

6.4　滚搓法塑限试验

滚搓法塑限试验方法适用于粒径小于 0.5 mm 的土。

6.4.1 试验仪器设备

1) 毛玻璃板：尺寸宜为 200 mm×300 mm。

2) 卡尺：分度值为 0.02 mm。

3) 天平：称量 200 g，分度值 0.01 g。

4) 筛：孔径 0.5 mm。

5) 其他：烘箱、干燥缸、铝盒。

6.4.2 滚搓塑限法试验步骤

1) 取过 0.5 mm 筛的代表性土样约 100 g，放在盛土皿中加纯水拌匀，浸润静置过夜。

2) 将制备好的试样在手中揉捏至不黏手，捏扁，当出现裂纹时，表示含水率已接近塑限。

3) 取接近塑限含水率的试样一小块(8～10 g)，先用手搓成橄榄形，然后放在毛玻璃板上用手掌轻轻滚搓，滚搓时手掌的压力要均匀地施加在土条上，不得使土条在毛玻璃板上无力滚动，土条不得有空心现象，土条长度不宜大于手掌宽度。

4) 当土条直径搓成 3 mm 时，产生裂缝，并开始断裂，表示试样的含水率达到塑限含水率。当土条直径搓成 3 mm 时不产生裂缝及断裂时，表示这时试样的含水率高于塑限。当土条直径大于 3 mm 时即断裂，表示试样含水率小于塑限，应弃去，重新取土试验。当土条在任何含水率下始终搓不到 3 mm 即开始断裂，则该土无塑限。

5) 取直径符合 3 mm 断裂土条 3～5 g，放入称量盒内，盖上盒盖，测定含水率，此含水率即为塑限。

6.4.3 塑限计算公式

塑限应按下式计算，计算至 0.1%：

$$w_P = \left(\frac{m_0}{m_d} - 1\right) \times 100 \tag{6-4}$$

式中：w_P ——塑限(%)，计算至 0.1%；

m_0——湿土质量(g)；

m_d ——干土质量(g)。

本试验应进行两次平行测定，两次测定的最大允许差值应符合第二章表2.1的规定，取两次测值的平均值。

6.4.4　滚搓塑限法试验记录表(表 6.3)

表 6.3　滚搓塑限法试验记录表

工程名称：　　　　　　　　　　　　　　试验者：

工程编号：　　　　　　　　　　　　　　计算者：

试验日期：　　　　　　　　　　　　　　审核者：

烘箱编号：　　　　　　　　　　　　　　天平编号：

<table>
<tr><th rowspan="2">试样编号</th><th>盒号</th><th>湿土质量
m_0(g)</th><th>干土质量
m_d(g)</th><th>含水率
w(%)</th><th>塑限
w_p(%)</th></tr>
<tr><th></th><th>(1)</th><th>(2)</th><th>(3)=[(1)/(2)−1]×100</th><th>(4)</th></tr>
<tr><td rowspan="3"></td><td></td><td></td><td></td><td></td><td rowspan="3"></td></tr>
<tr><td></td><td></td><td></td><td></td></tr>
<tr><td></td><td></td><td></td><td></td></tr>
<tr><td rowspan="3"></td><td></td><td></td><td></td><td></td><td rowspan="3"></td></tr>
<tr><td></td><td></td><td></td><td></td></tr>
<tr><td></td><td></td><td></td><td></td></tr>
</table>

第七章　击实试验

7.1　概述

室内击实试验是土工材料（填料）压实特性的基础试验之一，不仅可揭示在一定击实功作用下，土工填料（重塑土料）干密度与含水率演化规律，还可提取土的最大干密度 ρ_{dmax} 和最优含水率 w_{op} 等土工结构设计施工参数。

土的压实机理十分复杂，目前细粒土三项系统的压实概念模型，可以表征为系统中土粒水膜润滑机制与系统中空隙排气机制，即对应一定压实功，系统含水率初期增加，土颗粒水膜润滑作用效应占优，土的压实状态与含水率呈正相关；随着含水率继续增加，系统中空隙排气通道阻断效应逐渐占优，压实状态与含水率呈负相关；两者耦合达到三相材料系统最密实堆积状态时，对应干密度称为最大干密度，相应含水率称为最优含水率。

本试验分轻型击实和重型击实两种方式。轻型击实试验的单位体积击实功约 592.2 kJ/m³，重型击实试验的单位体积击实功约 2 684.9 kJ/m³。击实数按表 7.1 进行。

表 7.1　击实仪主要技术指标

<table>
<tr><th rowspan="2">试验方法</th><th rowspan="2">锤底径（cm）</th><th rowspan="2">锤质量（kg）</th><th rowspan="2">落高（mm）</th><th rowspan="2">层数</th><th rowspan="2">每层击数</th><th colspan="3">击实筒</th><th rowspan="2">护筒高度（mm）</th><th rowspan="2">备注</th></tr>
<tr><th>内径（mm）</th><th>筒高（mm）</th><th>容积（cm³）</th></tr>
<tr><td rowspan="3">轻型</td><td rowspan="5">51</td><td rowspan="2">2.5</td><td rowspan="2">305</td><td>3</td><td>25</td><td>102</td><td>116</td><td>947.4</td><td>≥50</td><td rowspan="5"></td></tr>
<tr><td>3</td><td>56</td><td>152</td><td>116</td><td>2 103.9</td><td>≥50</td></tr>
<tr><td rowspan="3">4.5</td><td rowspan="3">457</td><td>3</td><td>42</td><td>102</td><td>116</td><td>947.4</td><td>≥50</td></tr>
<tr><td rowspan="2">重型</td><td>3</td><td>94</td><td rowspan="2">152</td><td rowspan="2">116</td><td rowspan="2">2 103.9</td><td rowspan="2">≥50</td></tr>
<tr><td>5</td><td>56</td></tr>
</table>

7.2　仪器设备

1）击实仪：由击实筒（图 7.1）、击锤（图 7.2）和护筒组成。

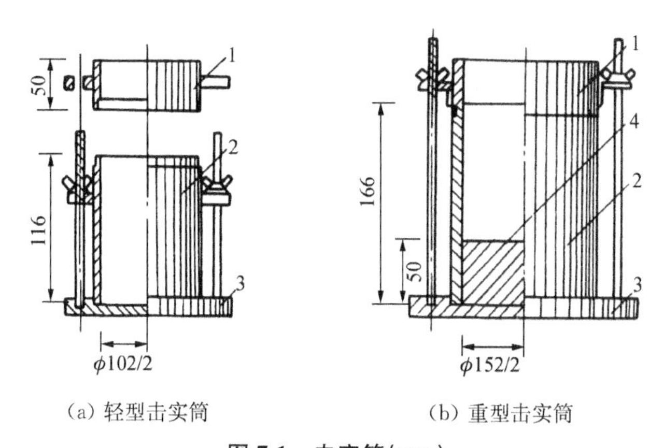

（a）轻型击实筒　　（b）重型击实筒

图 7.1　击实筒（mm）

1—套筒；2—击实筒；3—底板；4—垫块

2）击实仪的击锤应配导筒，击锤与导筒间应有足够的间隙使锤能自由下落；电动操作的击锤必须有控制落距的跟踪装置和锤击点按一定角度均匀分布的装置。

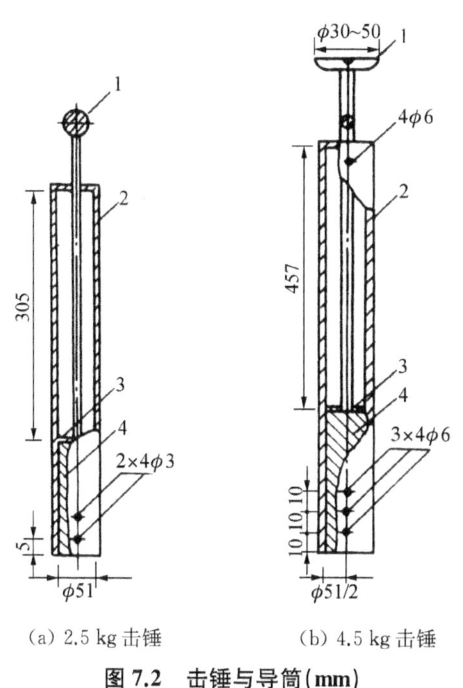

（a）2.5 kg 击锤　　（b）4.5 kg 击锤

图 7.2　击锤与导筒（mm）

1—提手；2—导筒；3—硬橡皮垫；4—击锤

3) 天平：称量 200 g,最小分度值 0.01 g。

4) 台秤：称量 10 kg,最小分度值 5 g。

5) 标准筛：孔径 20 mm、5 mm。

6) 试样推出器：宜用螺旋式千斤顶或液压式千斤顶,如无此类装置,亦可用刮刀和修土刀从击实筒中取出试样。

7) 其他：烘箱、喷水设备、碾土设备、盛土器、修土刀和保湿设备。

7.3 试验步骤

击实试验应按下列步骤进行：

1) 干法试样准备

(1) 用四分法取一定量的代表性风干试样,其中小筒所需土样约 20 kg,大筒所需土样约 50 kg,放在橡皮板上用木碾碾散,也可用碾土器碾散。

(2) 轻型需过 5 mm 或 20 mm 筛,重型需过 20 mm 筛,将筛下土样拌匀,并测定土样的风干含水率,根据土的塑限预估土的最优含水率,制备不少于 5 个不同含水率的一组试样,相邻 2 个试样含水率的差值宜为 2%。

(3) 将一定量的土平铺于不吸水的盛土盘内,其中小型击实筒所需击实土样约为 2.5 kg,大型击实筒所需击实土样约为 5.0 kg,按预定含水率将土样拌匀并装入塑料袋或密封容器内静置备用。对于高液限黏土静置时间不得少于 24 h,对于低液限黏土可以酌情缩短,但不应少于 12 h。

2) 湿法制备应取天然含水率的代表性土样,碾散过筛,将筛下土拌匀,测定其含水率。然后分别风干或加水到所要求的含水率,应使制备好的试样水分均匀分布。

3) 将击实仪平稳置于刚性基础上,击实筒与底座连接好,安装好护筒,在击实筒内壁均匀涂一薄层润滑油。称取一定量试样,分 3 层或 5 层倒入击实筒内,分层击实。每层试样高度宜相等,两层交界处的土面应刨毛。击实完成时,超出击实筒顶的试样高度应小于 6 mm。

4) 卸下护筒,用直刮刀修平击实筒顶部的试样,拆除底板,试样底部若超出筒外,也应修平,擦净筒外壁,称筒与试样的总质量,精确至 1 g,并计算试样的湿密度。

5) 用推土器将试样从击实筒中推出,在试样中心处取 2 个一定量的土样测定含水率，细粒土为 15～30 g，粗粒土为 50～100 g。平行测定土的含水率，称量精确至 0.01 g，两个含水率的最大允许差值应为±1%。

6）对不同含水率的试样依次击实。

7.4　击实试验的计算

试样的干密度应按下式计算：

$$\rho_d = \frac{\rho_0}{1+0.01w_i} \tag{7-1}$$

式中：w_i ——某点试样的含水率(%)。

干密度和含水率的关系曲线，应在直角坐标纸上绘制(图 7.3)。并应取曲线峰值点相应的纵坐标为击实试样的最大干密度，相应的横坐标为击实试样的最优含水率。当关系曲线不能绘出峰值点时，应进行补点。土样不宜重复使用。

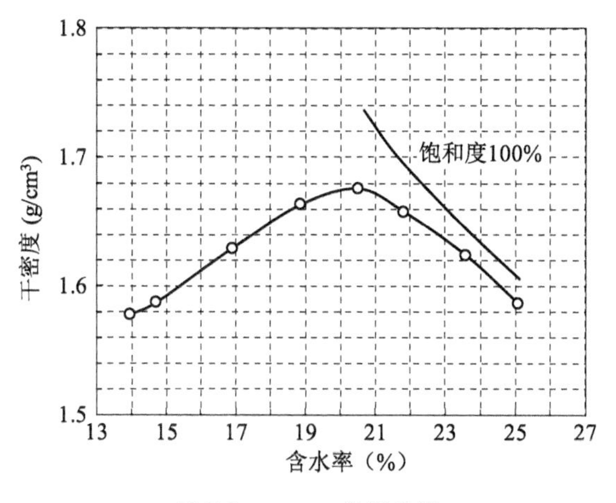

图 7.3　ρ_d - w 关系曲线

图 7.3 中击实曲线右上方的一条线称为饱和曲线，表示土在饱和状态时含水率与干密度之间的关系。由于土是处于三相状态，当土被击实到最大干密度时，土孔隙中的空气不易排出，即使加大击实功能也不能将土中受困气体排尽，故被击实的土体不可能达到完全饱和的程度。因此，当土的干密度相等时，击实曲线上各点的含水率，必然都小于饱和曲线上相应的含水率，所以击实曲线不可能与饱和曲线出现相交。

由于击实曲线一定要出现峰值点，由经验得知，最大干密度的峰值往往都在塑限含水率附近。根据土的压实理论，峰值点就是孔隙比最小的点，所以在制备土样时选择的含水率一般是两个含水率高于塑限含水率，两个低于塑限含水率，以使试验结果能满足要求。重型击实试验测得的最优含水率较轻型击实试验测得的小，制备不同含水率试样时可以向含水率较小的方向移动。

7.5 击实试验的记录表(表 7.2)

表 7.2 击实试验记录及计算表

工程名称：　　　　　　　　　　　　　　　　　　　　试验者：

工程编号：　　　　　　　　　　　　　　　　　　　　计算者：

试验日期：　　　　　　　　　　　　　　　　　　　　审核者：

击实筒容积：________ cm^3　　击实筒质量：________ g

击锤质量：________ kg　　每层击数：________

试验序号		1		2		3		4		5	
试验前土样含水率预估值(%)											
含水率测定	铝盒编号										
	铝盒质量(g)										
	铝盒质量+湿土质量(g)										
	铝盒质量+干土质量(g)										
	水质量(g)										
	干土质量(g)										
	含水率(%)										
	平均含水率(%)										
密度测定	筒质量+湿土质量(g)										
	湿土质量(g)										
	湿密度(g/cm^3)										
	干密度(g/cm^3)										
锤击数											

第八章 渗透试验

8.1 概述

土孔隙中的自由水在重力作用下发生运动的现象，称为土中水的渗流，其渗流速率定义为土的渗透系数 K，综合反映土的渗透能力。渗透系数可以通过常水头或变水头试验来测定，常水头渗透试验适用于粗粒土，变水头渗透试验适用于细粒土。试验用水宜采用实际作用于土中的天然水，如有困难可采用清水或纯净水，试验时的水温宜高于室温 3～4℃。试验前，试样必须进行脱气饱和。本试验以水温 20℃为标准温度，测试标准温度下土的渗透系数。同一土的平行试样渗透系数最大允许差值$\pm 2.0\times 10^{-n}$ cm/s，取 3～4 个偏差在允许范围内的数据的平均值，作为试样在该孔隙比 e 时的渗透系数。

渗透系数作为土的渗透性主要特征指标，其试验数据测试精度，直接影响到基坑开挖排水设计、软土地基预压法设计以及浸水路堤土工设计。

8.2 常水头渗透试验

8.2.1 试验仪器设备

1）常水头渗透仪装置(图 8.1)：封底圆筒的尺寸应符合现行国家标准《岩土工程仪器基本参数及通用技术条件》GB/T 15406—2007 的规定；当使用其他尺寸的圆筒时，圆筒内径应大于试样最大粒径的 10 倍；玻璃测压管内径为 0.6 cm，分度值为 0.1 cm。

2）天平：称量 5 000 g，分度值 1.0 g。

3）温度计：分度值 0.5℃。

4）其他：木锤、秒表。

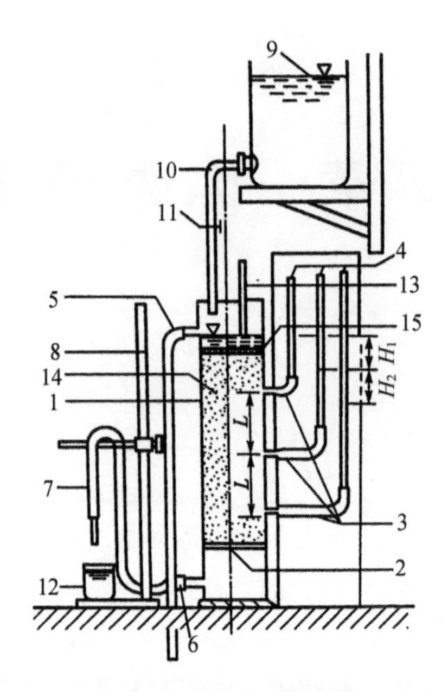

图 8.1　常水头渗透装置

1—封底金属圆筒；2—金属孔板；3—侧压孔；4—玻璃测压管；5—溢水孔；6—渗水孔；7—调节管；8—滑动支架；9—供水瓶；10—供水管；11—止水夹；12—容量为 500 mL 的量筒；13—温度计；14—试样；15—砾石层

8.2.2　常水头渗透试验步骤

1) 安装仪器，并检查各管路接头处是否漏水。将调节管和供水管连通，由仪器底部充水至水位略高于金属孔板，关止水夹。

2) 取具有代表性的风干土样 3～4 kg，称量精确至 1.0 g，并测定土样的风干含水率。

3) 将试样分层装入圆筒，每层厚 2～3 cm，用木锤轻轻击实到一定的厚度，以控制其孔隙比。试样含黏土较多时，应在金属孔板上加铺厚约 2 cm 的粗砂过渡层，防止试验时细粒流失，并量出过渡层厚度。

4) 每层试样装好以后，连接供水管和调节管，并由调节管中进水，微开止水夹，使试样逐渐饱和。当水面与试样顶面齐平时，关止水夹，饱和时水流不应过急，以免冲动试样。

5) 逐层装试样至试样高出上侧压孔 3～4 cm 为止。在试样上端铺厚约 2 cm 砾石作缓冲层。待最后一层试样饱和后，继续使水位缓缓上升至溢水孔。当有水溢出时，关止水夹。

6）试样装好后量测试样顶部至仪器上口的剩余高度，计算试样净高。称剩余试样质量，精确至 1.0 g，计算装入试样总质量。

7）静置数分钟后，检查各侧压管水位是否与溢水孔齐平。不齐平时，说明试样中或侧压管接头处有集气阻隔，用吸水球进行吸水排气处理。

8）提高调节管，使其高于溢水孔，然后将调节管与供水管分开，并将供水管置于金属圆筒内。开止水夹，使水由上部注入金属圆筒内。

9）降低调节管口，使其位于试样上部 1/3 高度处，造成水位差使水渗入试样，经调节管流出。在渗透过程中应调节供水管夹，使供水管流量略多于溢出水量。溢水孔应始终有余水溢出，以保持常水位。

10）侧压管水位稳定后，记录侧压管水位，计算各侧压管间的水位差。

11）开动秒表，同时用量筒接取经一定时间的渗透水量，并重复一次。接取渗透水量时，调节管口不得浸入水中。

12）测记进水与出水处的水温，取平均值。

13）降低调节管管口至试样中部及下部 1/3 处，以改变水力坡度，重复进行测定。

14）根据需要，可装数个不同孔隙比的试样，进行渗透系数的测定。

8.2.3 常水头渗透试验渗透系数计算公式

$$K_T = \frac{2QL}{At(H_1 + H_2)} \tag{8-1a}$$

$$K_{20} = K_T \frac{\eta_T}{\eta_{20}} \tag{8-1b}$$

式中：K_T ——水温 T℃时试样的渗透系数（cm/s）；

Q ——时间 t s 内的渗透水量（cm^3）；

L ——渗径（cm），等于两侧压孔中心间的试样高度；

A ——试样的断面积（cm^2）；

t ——时间（s）；

H_1、H_2——水位差（cm）；

K_{20} ——标准温度（20℃）时试样的渗透系数（cm/s）；

η_T ——T℃时水的动力黏滞系数（1×10^{-6} kPa·s）；

η_{20} ——20℃时水的动力黏滞系数（1×10^{-6} kPa·s）。

8.2.4 常水头渗透试验的记录表(表 8.1)

表 8.1 常水头渗透试验的记录表

工程名称：　　　　　　　　　　　　　　试验者：
工程编号：　　　　　　　　　　　　　　计算者：
试验日期：　　　　　　　　　　　　　　审核者：
试样高度(cm)：________　试样面积(cm^2)：________
干土质量(g)：________　土料比重 G_s：________
孔隙比 e：________　测压孔间距(cm)：________

试验次数	经过时间 t (s)	测压管水位 (cm)			水位差			水力坡降 J	渗透水量 Q (cm^3)	渗透系数 K_T (cm/s)	平均水温 T (℃)	校正系数 $\frac{\eta_T}{\eta_{20}}$	水温 20℃ 渗透系数 K_{20} (cm/s)	平均渗透系数 $\bar{K}_{20}$ (cm/s)	备注
		Ⅰ管	Ⅱ管	Ⅲ管	H_1	H_2	平均								
	(1)	(2)	(3)	(4)	(5)	(6)	(7)	(8)	(9)	(10)	(11)	(12)	(13)	(14)	
	—	—	—	—	(2)—(3)	(3)—(4)	$\frac{(5)+(6)}{2}$	$\frac{(7)}{L}$	—	$\frac{(9)}{A\times(8)\times(1)}$	—	—	(10)×(12)	$\frac{\sum(13)}{n}$	

8.3 变水头渗透试验

8.3.1 试验仪器设备

1）变水头渗透仪装置(图 8.2)：

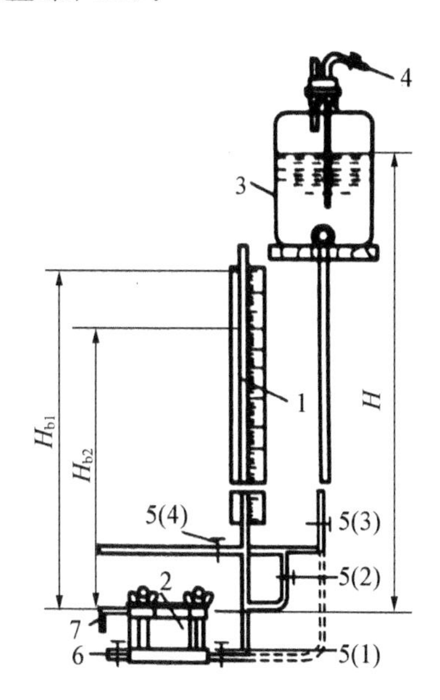

图 8.2 变水头渗透装置

1—变水头管；2—渗透容器；3—供水瓶；4—接水源管；
5—进水管夹；6—排气管；7—出水管

2）渗透容器：环刀、透水板、套筒及上、下盖组成；

3）水头装置：变水头管的内径，根据试样渗透系数选择不同尺寸，且不宜大于 1 cm，长度为 1 m 以上，分度值为 1.0 mm；

4）其他：切土器、秒表、温度计、削土刀、凡士林。

8.3.2 变水头渗透试验步骤

1）用环刀在垂直或平行土样层面切取原状土样或扰动土制备成给定密度的试样，充分进行饱和。切土时应尽量避免结构扰动。

2）将容器套筒内壁涂一薄层凡士林，将盛有试样的环刀推入套筒，压入止水垫圈。将挤出的多余的凡士林小心擦净。装好带有透水板的上下盖，并用螺丝拧紧，不得漏气漏水。

3) 将装好试样的渗透容器与水头装置连通，利用供水瓶里的水充满进水管，水头高度根据试样的疏松程度确定，不应大于 2 m，待水头稳定后注入渗透容器。开排水阀，将容器侧立，排除渗透容器底部的空气，直至溢出水中没有气泡。关排气阀，放平渗透容器。

4) 在一定水头作用下静置一段时间，待出水管口有水溢出时，再开始进行试验测定。

5) 待水头管充水至需要高度后，关止水阀如图 8.2 中 5(2)所示，开始测记变水头管中起始水头高度和起始时间，按预定时间间隔测记水头和时间的变化，并测记出水口的温度。连续测记 2～3 次，再使水头管水位回升至需要高度，再连续测记数次，重复试验 5～6 次及以上。

8.3.3 变水头渗透试验渗透系数计算公式

$$K_T = 2.3\frac{aL}{At}\lg\frac{H_{b1}}{H_{b2}} \tag{8-2a}$$

$$K_{20} = K_T\frac{\eta_T}{\eta_{20}} \tag{8-2b}$$

式中：a ——变水头管截面积(cm^2)；

L ——渗径(cm)，等于试样的高度；

H_{b1} ——开始时水头(cm)；

H_{b2} ——终止时水头(cm)。

8.3.4 变水头渗透试验记录表(表 8.2)

表 8.2 变水头渗透试验记录表

工程名称：　　　　　　　　　　试验者：

工程编号：　　　　　　　　　　计算者：

试验日期：　　　　　　　　　　审核者：

试样高度(cm)：________ 　试样面积(cm^2)：________

孔隙比 e：________ 　测压管断面积 a(cm^2)：________

开始时间 t_1 (d h min)	终了时间 t_2 (d h min)	经过时间 t (s)	开始水头 H_{b1} (cm)	终止水头 H_{b2} (cm)	$2.3\frac{aL}{At}$	$\lg\frac{H_{b1}}{H_{b2}}$	水温 T℃时的渗透系数 K_T (cm/s)	水温 T (℃)	校正系数 $\frac{\eta_T}{\eta_{20}}$	渗透系数 K_{20} (cm/s)	平均渗透系数 K_{20} (cm/s)
(1)	(2)	(3)	(4)	(5)	(6)	(7)	(8)	(9)	(10)	(11)	(12)
—	—	(2)—(1)	—	—	2.3(aL)/(A(3))	log(4)/(5)	(6)×(7)	—	—	(8)×(10)	$\sum(11)/n$

第九章　固 结 试 验

9.1　概述

土体作为一个多项介质，在外荷载作用下，系统中水和空气逐渐被挤出，土的骨架颗粒之间相互挤紧，封闭气体以及土中水体积减小从而引起土的固结变形。压缩试验系指原状土样或重塑试样（土工材料），制备成规定制式试件，然后置于侧向刚性固结仪内，模拟完全变形侧限条件，测定竖向不同荷载作用下的试样固结压缩变形。土的压缩性变形指标，特指土体在完全侧限条件下的变形特征。地基沉降时，土的变形特征即采用土的压缩性指标。

本试验方法适用于饱和黏土。当只进行压缩时，允许用于非饱和土。

9.2　试验仪器设备

1）固结容器：由环刀、护环、透水板、水槽、加压上盖等组成（图 9.1）。

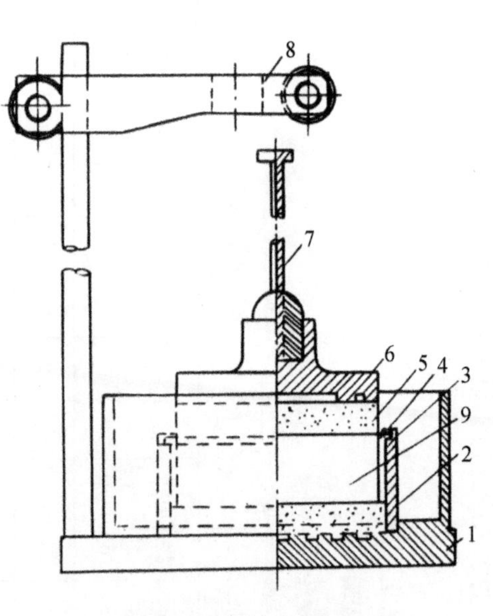

图 9.1　固结仪示意图

1—水槽；2—护环；3—环刀；4—导环；5—透水板；6—加压上盖；7—位移计导杆；8—位移计架；9—试样

2）加压设备：可采用量程为5～10 kN 的杠杆式、磅秤式或其他加压设备，应能垂直地在瞬间施加各级规定的压力，且没有冲击力，其允许最大误差应符合现行国家标准《土工试验仪器固结仪第 1 部分：单杠杆固结仪》GB/T 4935.1、《土工试验仪器固结仪第 2 部分：气压式固结仪》GB/T 4935.2 的有关规定。

3）变形量测设备：量程 10 mm，最小分度值为 0.01 mm 的百分表或最大允许误差为全量程±0.2%的位移传感器。

4）其他：刮土刀、钢丝锯、天平、秒表。

9.3 标准固结试验步骤

标准固结试验应按下列步骤进行：

1）根据需要，切取原状土试样或制备给定密度与含水率的扰动土试样。

2）在固结容器内放置护环、透水板和薄型滤纸，将带有试样的环刀装入护环内，放上导环，试样上依次放上薄型滤纸、透水板和加压上盖，并将固结容器置于加压框架正中位置，使加压上盖与加压框架中心对准，安装量表。

3）为保证试样与仪器上下各部件之间接触良好，应施加 1 kPa 的预压压力，然后调整量表，使其读数为零。

4）确定需要施加的各级压力，压力等级宜为 12.5 kPa、25 kPa、50 kPa、100 kPa、200 kPa、400 kPa、800 kPa、1 600 kPa、3 200 kPa。第一级压力的大小应视土的软硬程度而定，宜用 12.5 kPa、25 kPa 或 50 kPa。最后一级压力应大于上覆土层的计算压力 100～200 kPa。

5）需要确定原状土的先期固结压力时，加压率宜小于 1，可采用 0.5 或 0.25。最后一级压力应使 $e-\log p$ 曲线下段出现较长的直线段。

6）只需测定压缩系数时，最大压力不小于 400 kPa。

7）对于饱和试样，施加第一级压力后应立即向水槽中注水浸没试样。非饱和试样进行压缩试验时，须用湿棉纱围住加压板周围。

8）需要测定沉降速率时，施加每一级压力后宜按下列时间顺序测记试样的高度变化。时间为 6 s、15 s、1 min、2 min 15 s、4 min、6 min 15 s、9 min、12 min 15 s、16 min、20 min 15 s、25 min、30 min 15 s、36 min、42 min 15 s、49 min、64 min、100 min、200 min、400 min、23 h、24 h，直至稳定为止。

9）不需要测定沉降速率时，稳定标准规定为每级压力下固结 24 h 或试样变形每小时变化不大于 0.01 mm。测记稳定读数后，再施加第 2 级压力。依次逐级加压直至试验结束。

10）需要进行回弹试验时，可在某级压力下固结稳定后卸压，直至卸到第一级压力。每次卸压后的回弹稳定标准与加压相同，并测记每级压力及最后一级压力时的回弹量。

11）需要做次固结沉降试验时，可在主固结试验结束后继续试验，直至固结稳定为止。

12）试验结束后，迅速拆除仪器各部件，取出带环刀的试样，需测定试验后的含水率时，则用干滤纸吸去试样两端表面上的水，测定含水率。

9.4 计算

固结试验各项指标计算应符合下列规定：

1）试样的初始孔隙比，应按下式计算：

$$e_0 = \frac{(1 + w_0) G_s \rho_w}{\rho_0} - 1 \tag{9-1}$$

式中：e_0——试样的初始孔隙比。

2）各级压力下试样固结稳定后的单位沉降量，应按下式计算：

$$S_i = \frac{\sum \Delta h_i}{h_0} \times 10^3 \tag{9-2}$$

式中：S_i——某级压力下的单位沉降量(mm/m)；

h_0——试样初始高度(mm)；

$\sum \Delta h_i$——某级压力下试样固结稳定后的总变形量(mm)(等于该级压力下固结稳定读数减去仪器变形量)；

10^3——单位换算系数。

3）各级压力下试样固结稳定后的孔隙比，应按下式计算：

$$e_i = e_0 - \frac{1 + e_0}{h_0} \sum \Delta h_i \tag{9-3}$$

式中：e_i——各级压力下试样固结稳定后的孔隙比。

4）某一压力范围内的压缩系数，应按下式计算：

$$a_v = \frac{e_i - e_{i+1}}{p_{i+1} - p_i} \tag{9-4}$$

式中：a_v——压缩系数(MPa^{-1})；

p_i——某级压力值(MPa)。

$$a_{v1-2}=\frac{e_1-e_2}{p_2-p_1} \tag{9-5}$$

5）某一压力范围内的压缩模量，应按下式计算：

$$E_s=\frac{1+e_0}{a_v} \tag{9-6}$$

式中：E_s——某压力范围内的压缩模量(MPa)。

$$E_{s1-2}=\frac{1+e_1}{a_{v1-2}} \tag{9-7}$$

6）某一压力范围内的体积压缩系数，应按下式计算：

$$m_v=\frac{1}{E_s}=\frac{a_v}{1+e_0} \tag{9-8}$$

式中：m_v——某压力范围内的体积压缩系数(MPa^{-1})。

7）压缩指数和回弹指数，应按下式计算：

$$C_c \text{ 或 } C_s=\frac{e_i-e_{i+1}}{\lg p_{i+1}-\lg p_i} \tag{9-9}$$

式中：C_c——压缩指数；

C_s——回弹指数。

8）以孔隙比为纵坐标，以压力为横坐标绘制孔隙比与压力的关系曲线(图9.2)。

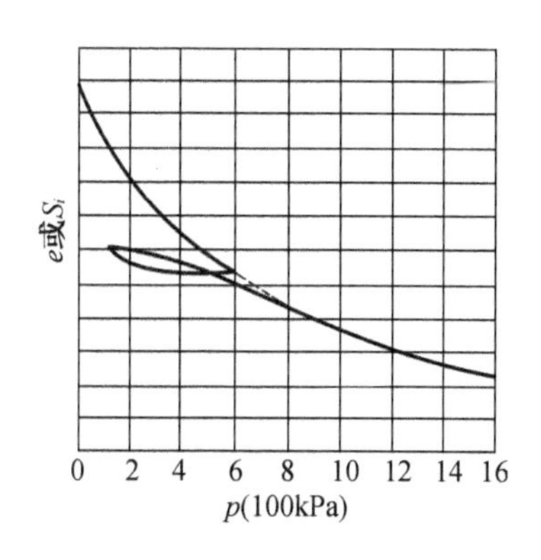

图 9.2　$e(S_i)$-p 关系曲线

9）以孔隙比为纵坐标，以压力的对数为横坐标，绘制孔隙比与压力的对数关系曲线（图 9.3）。

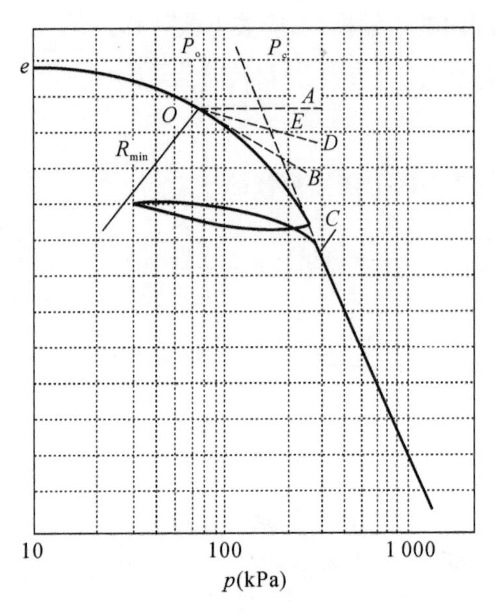

图 9.3　$e-\lg p$ 关系曲线

用适当比例的纵横坐标作 e-lg p 曲线，在曲线上找出最小曲率半径 R_{min} 和点 O，过 O 点作水平线 OA，切线 OB 及 $\angle AOB$ 的平分线 OD，OD 与曲线的直线段 C 的延长线交于点 E，则对应于 E 点的压力值即为该原状土的先期固结压力。

9.5　固结试验记录表（表 9.1～表 9.3）

表 9.1　含水率试验记录表

工程名称：　　　　　　　　　　　　　　　　　　　　　　　　　试验者：

工程编号：　　　　　　　　　　　　　　　　　　　　　　　　　计算者：

试验日期：　　　　　　　　　　　　　　　　　　　　　　　　　审核者：

盒号	湿土质量 (g)	干土质量 (g)	含水率 (%)	平均含水率 (%)

表 9.2　密度试验记录表

工程名称：　　　　试验者：

工程编号：　　　　计算者：

试验日期：　　　　审核者：

环刀号	湿土质量(g)	环刀容积(cm^3)	湿密度(g/cm^3)

表 9.3　固结试验记录表

仪器编号：　　　　环刀编号：　　　　土样编号：

环刀高度 h_0=________(mm)　　环刀面积 A=________(cm^2)

土粒比重 G_s=________

试验前土样密度 ρ_0 = ____(g/cm^3)　　试验前土样含水率 w_0 = ____(%)

$e_0 = \frac{G_s(1+w_0)\rho_w}{\rho_0} - 1 =$ ________　　$h_s = \frac{h_0}{1+e_0} =$ ________(mm)

	50 kPa	100 kPa	200 kPa	400 kPa
读数时间(min)				
0				
1				
3				
5				
7				
9				
10				
15				

（续表）

		50 kPa	100 kPa	200 kPa	400 kPa
总变形(mm)	1)				
仪器变形(mm)	2)				
试样变形量(mm)	3)				
压缩后试样高(mm)	4)				
孔隙比	5)				

第十章　三轴压缩试验

10.1　概述

土的剪切强度是地基等承载力问题、土工等稳定问题分析的核心参数，不仅涉及地基承载力、稳定分析时的抗力确定，且关系到相关土的荷载作用效应分析。三轴压缩试验是测定土的抗剪强度的一种方法，柱状试样大小主应力差，施加剪切作用的破坏力学模式(最薄弱面剪切破坏)，相对直接剪切试验更加合理，且可相对更精确地反映天然沉积饱和土剪切排水条件。三轴压缩试验是测定土体抗剪强度的一种比较完善的室内试验方法。

三轴剪切试验是试样在三向应力状态下，测定土的抗剪强度参数的一种剪切试验方法。通常采用3～4个圆柱体试样，分别在不同的恒定周围压力下，施加轴向压力进行剪切，直至破坏。然后根据极限应力圆包络图，求得土的抗剪强度参数。根据剪切排水条件的不同，三轴压缩试验可分为不固结不排水剪(UU)、固结不排水剪(CU)、固结排水剪(CD)三种试验类型。

此外，对于无法取得多个试样、灵敏度较低的原状土，可采用一个试样多级加荷试验。

10.2　试验仪器设备

1) 应变控制式三轴仪(图10.1)：由反压控制系统、周围压力控制系统、压力室、孔隙水压力量测系统组成。

2) 附属设备：包括击实器、饱和器、切土盘、切土器和切土架、原状土分样器、承膜筒、制备砂样圆模(用于冲填土或砂性土)。

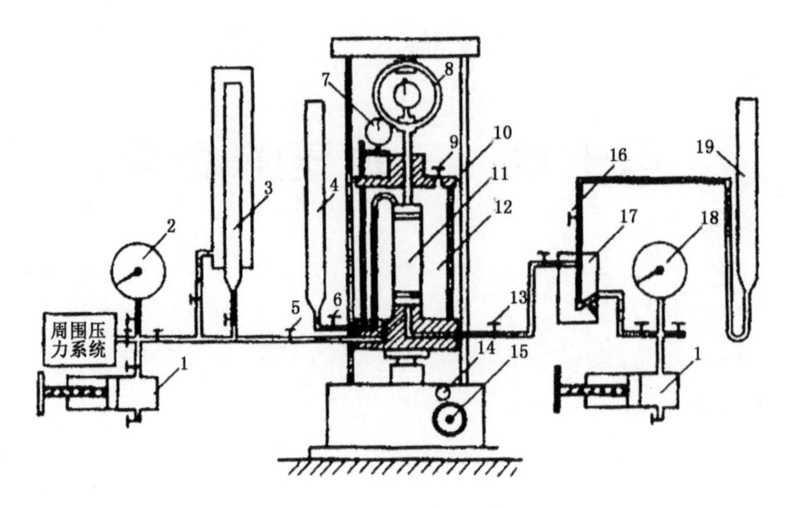

图 10.1　应变控制式三轴压缩仪

1—调压筒；2—周围压力表；3—体变管；4—排水管；5—周围压力阀；
6—排水阀；7—变形量表；8—量力环；9—排气孔；10—轴向加压设备；
11—试样；12—压力室；13—孔隙压力阀；14—离合器；15—手轮；
16—量管阀；17—零位指示器；18—孔隙压力表；19—量管

(1) 击实器(图 10.2)和饱和器(图 10.3)。

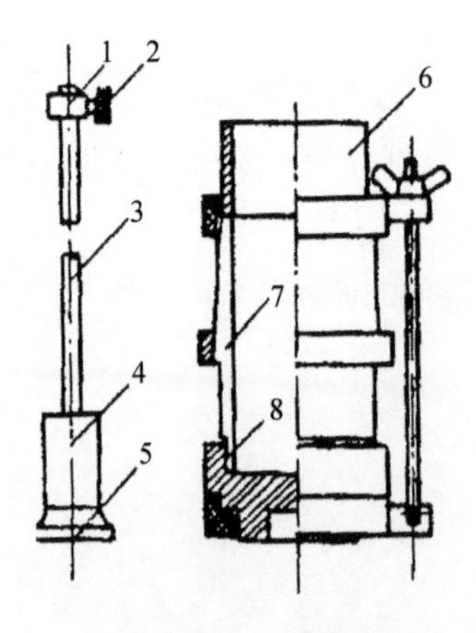

图 10.2　击实器

1—套环；2—定位螺丝；
3—导杆；4—击锤；5—底板；
6—套筒；7—饱和器；8—底板

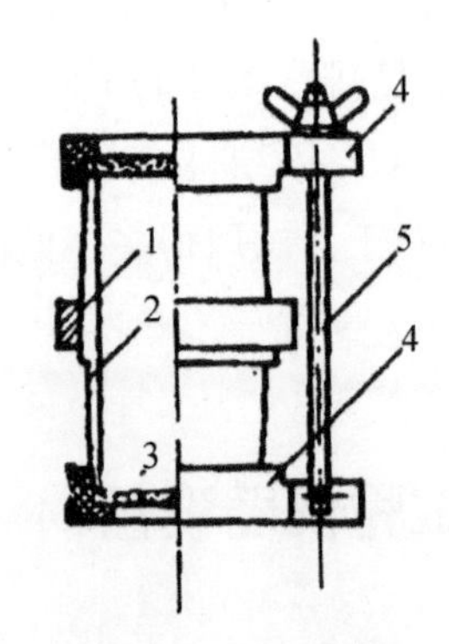

图 10.3　饱和器

1—紧箍；2—土样筒；
3—透水石；4—夹板；5—拉杆

(2) 切土盘(图 10.4)、切土器和切土架(图 10.5)和原状土分样器(图 10.6)。

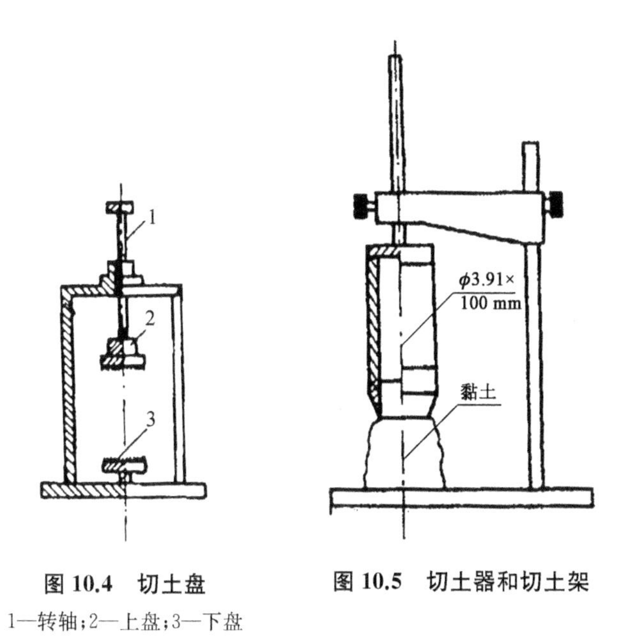

图 10.4　切土盘

1—转轴;2—上盘;3—下盘

图 10.5　切土器和切土架

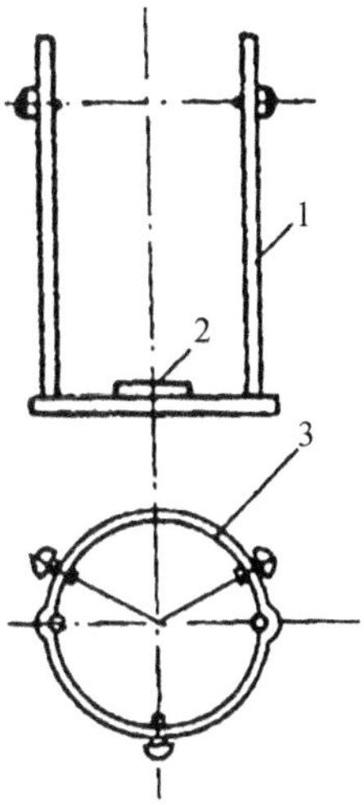

图 10.6　原状土分样器(适用于软黏土)

1—滑杆;2—底座;3—钢丝架

(3) 承膜筒(图 10.7)及对开圆模(图 10.8)。

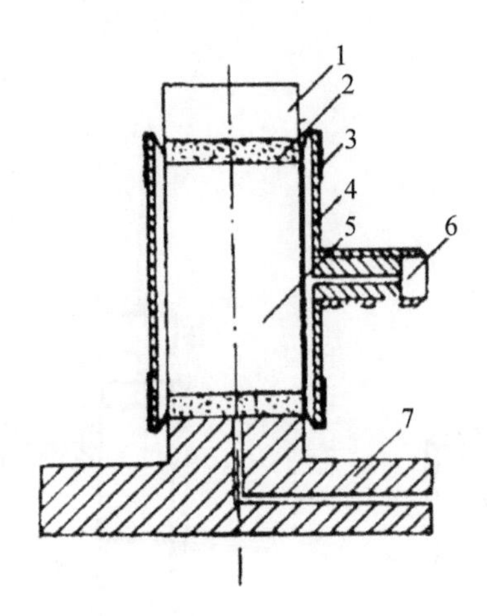

图 10.7　承膜筒(橡皮膜借承膜筒套在试样外)

1—上帽;2—透水石;3—橡皮膜;4—承膜筒;5—试样;
6—吸气孔;7—三轴仪底座

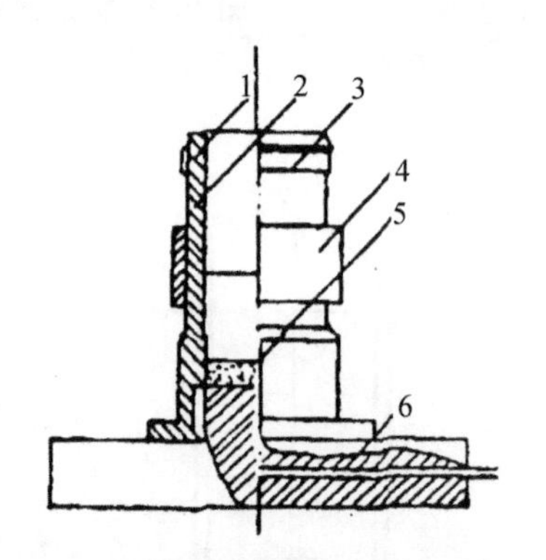

图 10.8　对开圆模(制备饱和的砂样)

1—橡皮膜;2—制样圆模(两片组成);3—橡皮圈;
4—圆箍;5—透水石;6—仪器底座

3) 天平: 称量 200 g,分度值 0.01 g;称量 1 000 g,分度值 0.1 g;称量 5 000 g,分度值 1 g。

4) 负荷传感器: 轴向力的最大允许误差为±1%。

5) 位移传感器(或量表): 量程 30 mm,分度值 0.01 mm。

6) 橡皮膜: 对直径为 39.1 mm 和 61.8 mm 的试样,橡皮膜厚度宜为 0.1～

0.2 mm；对直径为 101 mm 的试样，橡皮膜厚度宜为 0.2～0.3 mm。

7）透水板：直径与试样直径相等，其渗透系数宜大于试样的渗透系数，使用前在水中煮沸并泡于水中。

10.3　一般规定

试验仪器设备应符合下列规定：

1）根据试样的强度大小，选择不同量程的测力计。

2）孔隙压力量测系统的气泡应排除。其方法是：孔隙压力量测系统中充以无气水并施加压力，小心地打开孔隙压力阀，让管路中的气泡从压力室底座排出，应反复几次直到气泡完全冲出为止。

3）排水管路应通畅。活塞在轴套内应能自由滑动，各连接处无漏水漏气现象，仪器检查完毕，管周围压力阀、孔隙压力阀和排水阀以备使用。

4）橡皮膜在使用前应仔细检查。其方法是扎紧两端，在膜内充气，然后沉入水下检查，应无气泡溢出。

10.4　试样的制备与饱和

1）本试验需 3～4 个试样，分别在不同周围压力下进行试验。

2）试样尺寸：试样高度 h 与直径 D 之比(h/D)应为 2～2.5，直径 D 分别为 39.1 mm、61.8 mm 及 101.0 mm，对于有裂缝、软弱面和构造面的试样，试样直径宜采用 101.0 mm。

3）原状土试样的制备：根据土样的软硬程度，分别用切土盘和切土器按规定切成圆柱形试样，试样两端应平整，并垂直于试样轴，当试样侧面或端部有小石子或凹坑时，允许用削下的余土修整，试样切削时应避免扰动，并取余土测定试样的含水量。

4）扰动土试样制备：根据预定的干密度和含水量，按规范规定备样后，在击实器内分层击实，粉质土宜为 3～5 层，黏质土宜为 5～8 层，各层土样数量相等，各层接触面应刨毛。

5）对于砂类土试样的制备应按下列步骤进行：

(1) 根据试验要求的试样干密度和试样体积称取所需风干砂样质量，分三等份，在水中煮沸，冷却待用。

(2) 开孔隙压力阀及量管阀，使压力室底座充水。将煮沸过的透水板滑入压力室底座上，并用橡皮带把透水板包扎在底座上，以防砂土漏入底座中。关孔隙压力阀及量管阀，将橡皮膜的一端套在压力室的底座上并扎紧，将对开模套在底座上，将橡皮膜的上端翻出，然后抽气，使橡皮膜贴紧对开模内壁。

(3) 在橡皮膜内注脱气水约达试样高度的1/3，将一份砂样装入膜中，填至该层要求高度。

(4) 第一层砂样填完以后，继续注水至试样高度的2/3，再装第二层。如此继续装样，直至膜内装满为止。

(5) 开量管阀降低量管，使管内水面低于试样中心高度以下约0.2 m，当试样直径为101 mm时，应低于试样中心高度以下约0.5 m，使试样内产生一定的负压，使试样能站立。拆除对开模，测量试样的高度和直径，复核试样的干密度，各试样之间的干密度最大允许差值应为±0.03 g/cm³。

6) 对制备好的试样，量测其直径和高度。试样的平均直径按下式计算：

$$D_0 = \frac{D_1 + 2D_2 + D_3}{4} \tag{10-1}$$

式中：D_1、D_2、D_3——试样上、中、下部位的直径(mm)；

D_0——试样平均直径(mm)。

7) 试样的饱和

(1) 抽气饱和法：应将装有试样的饱和器置于无水的抽气缸内，进行抽气，当真空度接近当地1个大气压后，应继续抽气。当抽气时间达到规定后，徐徐注入清水，并保持真空度稳定。待饱和器完全被水淹没即停止抽气，并释放抽气缸的真空。试样在水下静置时间应大于10 h，然后取出试样并称其质量。

(2) 水头饱和：使用粉土或粉质砂土，将试样装于压力室内，施加20 kPa周围压力。水头高出试样顶部1 m，使纯水从底部进入试样，从试样顶部溢出，直至流入水量和溢出水量相等为止。当需要提高试样的饱和度时，宜在水头饱和前，从底部将二氧化碳气体通入试样，置换孔隙中的空气，再进行水头饱和。

(3) 反压力饱和：试样要求完全饱和时，应对试样施加反压力。试样装好后，关闭孔隙水压力阀、反压力阀，测记体变管读数。开周围压力阀，对试样施加20 kPa的周围压力，开孔隙压力阀，待孔隙压力变化稳定，测记读数。然后关孔隙压力阀。

反压力应分级施加，并同时分级施加周围压力，以减少对试样的扰动。在施加反压力的过程中，始终保持周围压力比反压力大 20 kPa，反压力和周围压力的每级增量对软黏土取 30 kPa，对坚实的土或初始饱和度较低的土，取 50～70 kPa。

操作时，先调周围压力至 50 kPa，并将反压系统调至 30 kPa，同时打开周围压力和反压力阀，再缓缓打开孔隙压力阀，待孔隙压力稳定后，测记孔隙压力计和体变管读数，再施加下一级周围压力和反压力。

每施加一级压力都测定孔隙水压力。当孔隙水压力增量与周围压力增量之比 $\Delta U/\Delta\sigma_3 > 0.98$ 时，认为试样达到饱和。

10.5　不固结不排水剪试验(UU)

10.5.1　试验步骤

1）在压力室底座上依次放上不透水板、试样及试样帽，将橡皮膜套在试样外，并将橡皮膜两端与底座及试样帽分别扎紧。

2）装上压力室罩，向压力室内注满纯水，关排气阀，压力室内不应有残留气泡。并将活塞对准测力计和试样顶部。

3）关排水阀，开周围压力阀，施加周围压力，周围压力值应与工程实际荷载相适应，最大一级周围压力应与最大实际荷载大致相等。

4）转动手轮，使试样帽与活塞及测力计接触，装上变形百分表，将测力计和变形百分表读数调至零位。

5）试样剪切

(1) 剪切应变速率宜为每分钟 0.5%～1%。

(2) 开动马达，接上离合器，开始剪切。试样每产生 0.3%～0.4%的轴向应变，测记一次测力计读数和轴向应变。当轴向应变大于 3%时，每隔 0.7%～0.8%的应变值测记一次读数。

(3) 当测力计读数出现峰值时，剪切应继续进行，直至超过 5%的轴向应变为止，当测力计读数无峰值时，剪切应进行到轴向应变为 15%～20%。

(4) 试验结束后，关闭周围压力阀，再关闭马达，拨开离合器。倒转手轮，然后打开排气孔，排除压力室内的水，拆除试样，描述试样破坏形状，称试样质量，并测定含水量。

10.5.2 成果整理

1）轴向应变按下式计算：

$$\varepsilon_1=\frac{\Delta h_i}{h_0} \tag{10-2}$$

式中：ε_1——轴向应变值(%)；

Δh_i——剪切过程中的高度变化(mm)；

h_0——试样起始高度(mm)。

2）试样面积的校正按下式计算：

$$A_\alpha=\frac{A_0}{1-\varepsilon_1} \tag{10-3}$$

式中：A_α——试样的校正断面积(cm^2)；

A_0——试样的初始断面积(cm^2)。

3）主应力差按下式计算：

$$\sigma_1-\sigma_3=\frac{CR}{A_\alpha}\times 10 \tag{10-4}$$

式中：σ_1——大主应力(kPa)；

σ_3——小主应力(kPa)；

C—测力计校正系数(N/0.01 mm)；

A_α——试样剪切时的面积(cm^2)

R——测力计读数(0.01 mm)。

4）轴向应变与主应力差的关系曲线应在直角坐标纸上绘制。

以($\sigma_1-\sigma_3$)的峰值为破坏点，无峰值时，取15%轴向应变时的主应力差值作为破坏点。以法向应力为横坐标，以剪应力为纵坐标，在横坐标上以$\frac{\sigma_{1f}+\sigma_{3f}}{2}$为圆心，以$\frac{\sigma_{1f}-\sigma_{3f}}{2}$为半径($f$注脚表示破坏)，在$\tau-\sigma$应力平面图上绘制破损应力图，并绘制不同周围压力下破损应力圆的包线。求出不排水强度参数(图10.9)，总抗剪强度参数：内聚力c_u(kPa)、内摩擦角φ_u(°)。

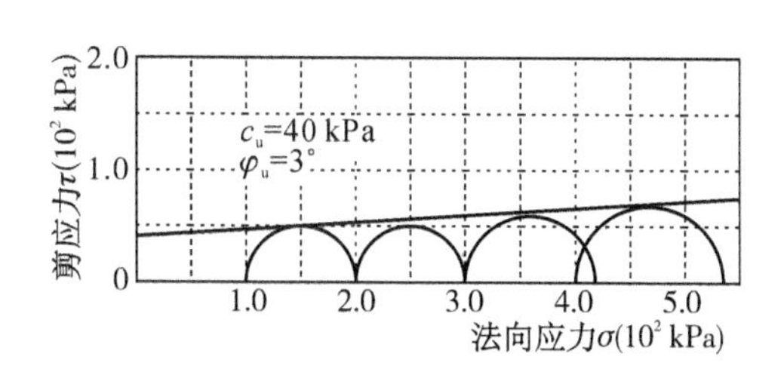

图 10.9　不固结不排水剪强度包线

10.5.3　不固结不排水剪三轴压缩试验记录表(表 10.1)

表 10.1　三轴压缩试验记录表(不固结不排水)

工程编号：　　　　试验者：

试样编号：　　　　计算者：

试验日期：　　　　校核者：

试样面积(cm^2)		钢环系数(N/0.01cm)		
试样高度(cm)		剪切速率(mm/min)		
试样体积(cm^3)		周围压力(kPa)		
试样质量(g)		试样破坏描述		
密度(g/cm^3)				
含水率(%)				
轴向变形(mm)	轴向应变 ε (%)	校正面积(cm^2)	钢环系数(0.01 mm)	$\sigma_1-\sigma_3$ (kPa)

10.6　固结不排水剪试验(CU)

10.6.1　试样的安装步骤

1) 开孔隙压力阀和量管阀，使压力室底座充气排水，并关阀。放上试样，试样上端放湿滤纸和透水板。在试样周围贴上 7～9 根滤纸条，滤纸条为试样直径的 1/6～1/5。滤纸条两端跟透水石连接，如果需要反压饱和试样时，所贴的滤纸中间需断开约试样高度的 1/4，或自底部向上贴至试样高度的 3/4 处。

2）将橡皮膜套在试样外，橡皮膜下端扎紧在压力室的底座上。

3）用软刷子或手自下向上轻轻安抚试样，排除试样与橡皮膜之间的气泡，对于饱和软黏土，可开孔隙压力阀和量管阀，使得水徐徐流入试样与橡皮膜之间以排除夹气，然后关闭。

4）开排水管阀，使水从试样帽徐徐流出以排除管路中气泡，并将试样帽置于试样顶端，排除顶端气泡，将橡皮膜扎紧在试样帽上。

5）降低排水管，使水面至试样中心高程以下 20～40 cm，吸出试样与橡皮膜之间多余的水，关闭排水阀。

6）装上压力室并注满水，然后放低排水管使其液面与试样中心高度齐平，记液面读数，关排水阀。

10.6.2 试样排水固结步骤

1）使量管水面位于试样中心高度处，开量管阀，读记孔隙压力的起始读数，然后关量管阀。

2）施加周围压力并调整测力计、位移计的读数。

3）打开孔隙压力阀，测记稳定后的孔隙压力读数，减去孔隙压力的起始读数，即为周围压力与试样的初始孔隙压力。

4）开排水阀，按 0 min、0.25 min、1 min、4 min、9 min…时间测记排水读数和孔隙压力计读数，固结度至少要达到 95%。固结过程中可随时绘制排水量ΔV与时间平方根或时间对数曲线及孔隙压力消散度与时间对数曲线。若试样的主固结时间已掌握，也可不读排水管和孔隙压力的过程读数。

5）当要求对试样施加反压力时，则应符合反压饱和的有关规定。关体变管阀，增大周围压力，使周围压力与反压力之差等于原来选定的周围压力，记录稳定的孔隙压力读数和体变管水面读数作为固结前的起始读数。

6）开体变管阀，让试样通过体变管排水，进行排水固结。

7）固结完成后，关排水管阀或体变管阀，记下体变管或排水管和孔隙压力的读数。开机，到轴向力读数开始微动时，表示活塞与试样已接触，记下轴向位移读数，即为固结下沉量，依此可以算出固结后试样的高度，然后将轴向力和轴向位移读数都调零。

8）其余几个试样均按同样方法进行安装，并在不同周围压力下排水固结。

10.6.3 剪切试样

1）剪切应变速率宜为 0.05%/min～0.10%/min，粉土剪切应变速率宜为

0.1%/min～0.5%/min。

2）开始剪切试样，测记测力计、轴向变形、孔隙压力。

3）试验结束后，关闭电机，下降升降台，开排气孔，排去压力室内的水，拆除压力室罩，擦干试样周围的水，脱去橡皮膜，描述破坏形状，测定试样试验后的含水率。

10.6.4　固结不排水剪三轴压缩试验记录表(表10.2)

表10.2　固结不排水剪三轴压缩试验记录

工程编号：　　试验者：

试样编号：　　计算者：

试验日期：　　校核者：

(1) 含水率

	试验前		试验后	
盒号				
湿土质量(g)				
干土质量(g)				
含水率(%)				
平均含水率(%)				

(2) 密度

试样高度(cm)		
试样体积(cm^3)		
试样质量(g)		
密度(g/cm^3)		
试样描述		
备注		

(3) 反压力饱和

周围压力(kPa)	反压力(kPa)	孔隙水压力(kPa)	孔隙压力增量(kPa)

(4) 固结排水

周围压力________kPa　反压力________kPa

孔隙水压力________kPa

经过时间 (h min s)	孔隙水压力 (kPa)	量管读数 (mL)	排出水量 (mL)

(5) 不排水剪切

钢环系数(N/0.01 cm)________　剪切速率(mm/min)________

周围压力________kPa　反压力________kPa

初始孔隙压力________kPa

轴向变形 (0.01 mm)	轴向应变 ε(%)	校正面积 $\frac{A_0}{1-\varepsilon}$ (cm²)	钢环系数 (0.01 mm)	$\sigma_1-\sigma_3$ (kPa)	孔隙压力 (kPa)	σ_1' (kPa)	σ_3' (kPa)	$\frac{\sigma_1'}{\sigma_3'}$	$\frac{\sigma_1'-\sigma_3'}{2}$ (kPa)	$\frac{\sigma_1'+\sigma_3'}{2}$ (kPa)

10.7 固结排水剪试验(CD)

1) 试样的安装、固结同上述试验，剪切应按上述10.6.3的规定进行，但在剪切过程中应打开排水阀。剪切速率宜为0.003%/min～0.012%/min。

2) 固结排水剪三轴压缩试验记录表(表10.3)

表 10.3　固结排水剪三轴压缩试验记录

工程编号：　　　　　　　　　　　　　　　　　试验者：

试样编号：　　　　　　　　　　　　　　　　　计算者：

试验日期：　　　　　　　　　　　　　　　　　校核者：

(1) 含水率

	试验前		试验后	
盒号				
湿土质量(g)				
干土质量(g)				
含水率(%)				
平均含水率(%)				

(2) 密度

试样高度(cm)		
试样体积(cm^3)		
试样质量(g)		
密度(g/cm^3)		
试样描述		
备注		

(3) 反压力饱和

周围压力 (kPa)	反压力 (kPa)	孔隙水压力 (kPa)	孔隙压力增量 (kPa)

(4) 固结排水

周围压力________kPa　　反压力________kPa

孔隙水压力________kPa

经过时间 (h min s)	孔隙水压力 (kPa)	量管读数 (mL)	排出水量 (mL)

（续表）

经过时间 (h min s)	孔隙水压力 (kPa)	量管读数 (mL)	排出水量 (mL)

（5）排水剪切

钢环系数(N/0.01 cm)________ 剪切速率(mm/min)________

周围压力________kPa 反压力________kPa

初始孔隙压力________kPa 温度________℃

轴向变形 (0.01 mm)	轴向应变 ε (%)	校正面积 $\frac{V_c-\Delta V_i}{h_c-\Delta h_i}$ (cm²)	钢环系数 (0.01 mm)	$\sigma_1-\sigma_3$ (kPa)	比值 $\frac{\varepsilon_a}{\sigma_1-\sigma_3}$	量管读数 (cm³)	剪切排水量 (cm³)	体应变 $\varepsilon_v=\frac{\Delta V}{V_c}$	径向应变 $\varepsilon_r=\frac{\varepsilon_v-\varepsilon_a}{2}$	比值 $\frac{\varepsilon_r}{\varepsilon_a}$	应力比 $\frac{\sigma_1}{\sigma_3}$

第十一章　直接剪切试验

11.1　概述

直接剪切试验是测定土体抗剪强度的一种常用方法。通常是从地基中某个位置取出土样，制成几个试样，用几个不同的垂直压力作用于试样上，然后施加剪切力，测得剪应力与剪切位移的关系曲线，根据曲线上特征点分析试样极限剪应力，作为该垂直压力下的抗剪强度。通过几个试样的抗剪强度确定强度包线，求出抗剪强度参数 c、φ。土的内摩擦角和内聚力与抗剪强度之间的关系由库仑公式表示：

$$\tau_f = \sigma \tan\varphi + c \tag{11-1}$$

式中：τ_f ——抗剪强度(kPa)；

σ ——正应力(kPa)；

φ ——内摩擦角；

c——内聚力(kPa)。

为求得土的抗剪强度参数 (c、φ)，一般至少用 4～5 个试样，以同样的方法分别在不同的法向压力 σ_1，σ_2，σ_3，… 的作用下测出相应的 τ_{f1}，τ_{f2}，τ_{f3}，… 的值，根据这些 σ、τ_f 值，即可在直角坐标图中绘出抗剪强度曲线(见图 11.1)。

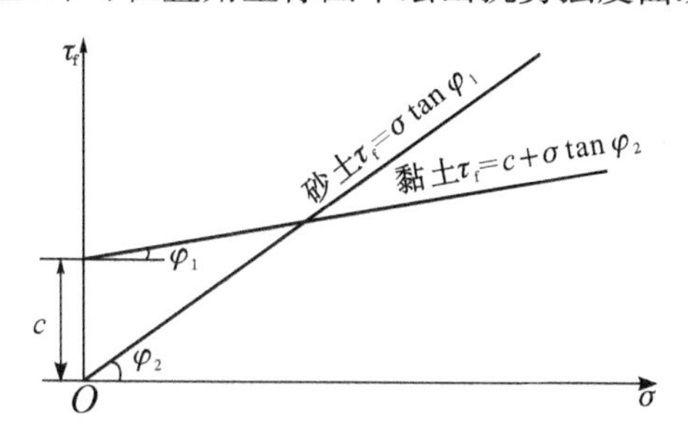

图 11.1　抗剪强度与法向压力的关系

本试验的方法分为快剪、固结快剪和慢剪三种。剪切速率快慢控制土样排水条件时，仅适用于土样渗透系数小于 1×10^{-6} cm/s 的细粒土。本书主要介绍快剪试验。

11.2 一般规定

本试验所用的主要仪器设备，应符合下列规定：

1）应变控制式直剪仪（图 11.2）：由剪切盒、垂直加压设备、负荷传感器或测力计及推动机构等组成。

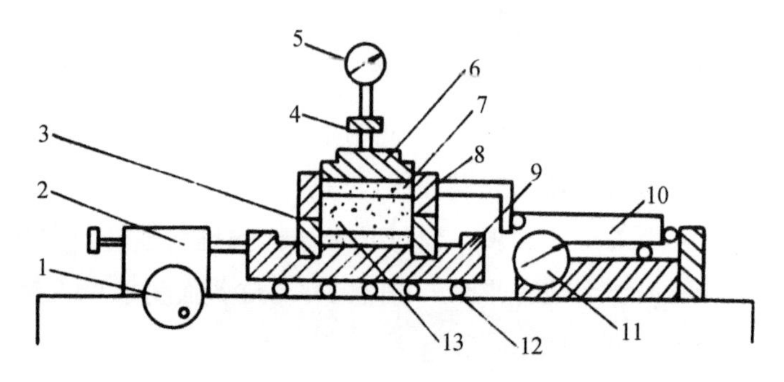

图 11.2 应变控制式直剪仪

1—剪切传动机构；2—推动器；3—下盒；4—垂直加压框架；
5—垂直位移计；6—传压板；7—透水板；8—上盒；
9—储水盒；10—测力计；11—水平位移计；12—滚珠；13—试样

2）环刀：内径 61.8 mm，高度 20 mm。

3）位移量测设备：量程为 5～10 mm，分度值为 0.01 mm。

4）天平：称量 500 g，分度值 0.1 g。

5）其他：饱和器、削土刀或钢丝锯、秒表、滤纸、直尺。

11.3 试验步骤

快剪试验应按下列步骤进行：

1）试样制备、安装应按标准的步骤进行。对准上下盒，插入固定销。在下盒内放不透水板。将装有试样的环刀平口向下，对准剪切盒口，在试样顶面放不透水板，然后将试样徐徐推入剪切盒内，移去环刀。

2）转动手轮，使上盒前端钢珠刚好与测力计接触。调整测力计读数为零。顺次加上加压盖板、钢珠、加压框架，施加垂直压力，拔去固定销，立即以 0.8～1.2 mm/min的剪切速度（每分钟 4～6 转）匀速转动手轮，使试样在 3～5 min内剪损。当剪应力的读数达到稳定或有显著后退时，表示试样已剪损。

3）剪切结束后，吸去剪切盒中积水，倒转手轮，移去垂直压力、框架、钢珠、加压盖板等，取出试样。

11.4　计算、制图和记录

1）剪应力应按下式计算：

$$\tau = \frac{C \cdot R}{A_0} \times 10$$

式中：τ ——试样所受的剪应力（kPa）；

C ——测力计率定系数（N/0.01mm）；

A_0 ——试样初始的面积（cm^2）；

R ——测力计量表读数（0.01mm）。

2）以剪应力为纵坐标，剪切位移为横坐标，绘制剪应力与剪切位移关系曲线，取曲线上剪应力的峰值为抗剪强度，无峰值时，取剪切位移 4 mm 所对应的剪应力为抗剪强度。

3）以抗剪强度为纵坐标，以垂直压力为横坐标，绘制抗剪强度与垂直压力关系曲线（图 11.3），直线的倾角为摩擦角，直线在纵坐标上的截距为内聚力。

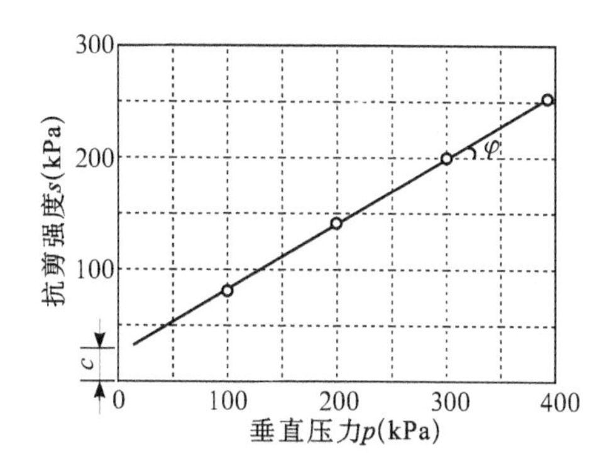

图 11.3　抗剪强度与垂直压力关系曲线

4）直接剪切试验记录表（表11.1）。

表11.1　直接剪切试验记录表

工程名称：　　试验者：

工程编号：　　计算者：

试验日期：　　审核者：

垂直压力 p ________（kPa）

测力计率定系数 C ________（N/0.01 mm）

仪器编号		(1)	(2)	(3)	(4)
盒号					
湿土质量(g)					
干土质量(g)					
含水率(%)					
试样质量(g)					
试样密度(g/cm³)					
垂直压力(kPa)					
剪切位移(0.01 mm)	(1)				
量力环读数(0.01 mm)	(2)				
剪应力(kPa)	$(3)=\frac{C\cdot(2)}{A_0}$				
垂直位移(0.01 mm)	(4)				

第十二章　无侧限抗压强度试验

12.1　概述

无侧限抗压强度试验，是小主应力为零时（无法控制试样固结）的三轴试验的特例，即将土样置于不受侧向限制的条件下，大主应力快速加载剪切试验。对于饱和软黏土的无侧限抗压强度试验，原则上可以等同于三轴不固结不排水试验。同理，由于试样破坏面为试样最薄弱面，相对直剪获得应力-应变曲线，亦更加均匀。无侧限抗压强度试验虽然简单，但对于自稳良好黏性土试样工作性良好，且可作为其灵敏度测试的主要室内试验方法。显然，对于特别软的黏性土、无法成型的砂性土，此方法不再适用。

目前测定土的无侧限抗压强度主要有两种方法，即应变控制法和应力控制法，其中以应变控制法为常用方法，本教材以介绍此方法为主。

12.2　仪器设备

1）应变控制式无侧限压缩仪：由测力计、加压框架、升降设备组成（图12.1）。

2）位移传感器或位移计（百分表）：量程 30 mm，分度值 0.01 mm。

3）天平：称量 1 000 g，最小分度值 0.1 g。

4）重塑筒：筒身应可以拆成两半，内径应为 3.5～4.0 cm，高应为 80 mm（图12.3）。

5）其他：秒表、厚约 0.8 cm 的铜垫板、卡尺、切土盘（图 12.2）、直尺、削土刀、钢丝锯、薄塑料布、凡士林。

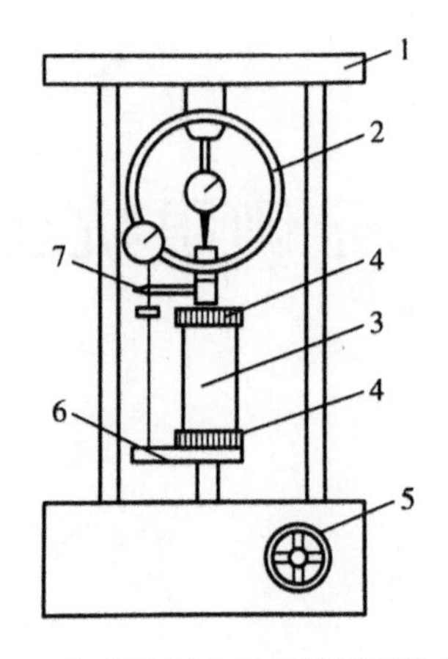

图 12.1　应变控制式无侧限压缩仪示意图

1—轴向加压架；2—轴向测力计；3—试样；4—传压板；
5—手轮或电动转轮；6—升降板；7—轴向位移计

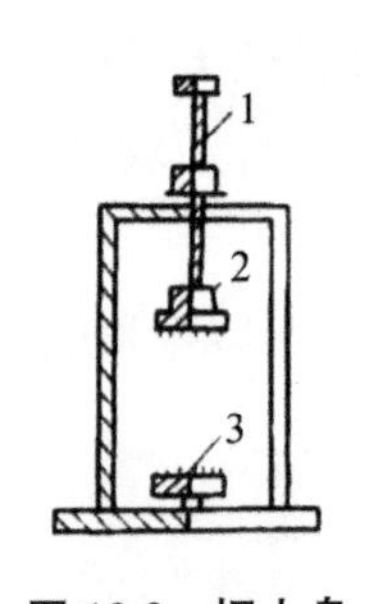

图 12.2　切土盘

1—转轴；2—上盘；3—下盘

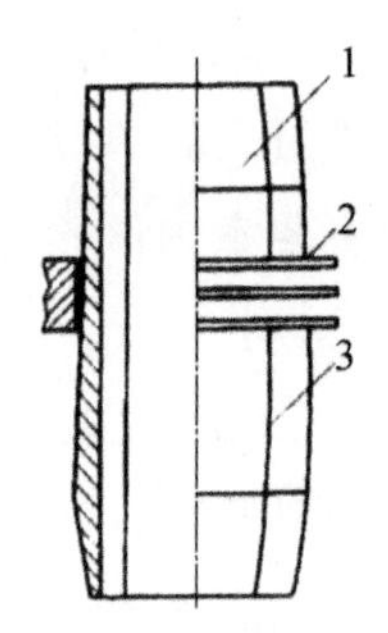

图 12.3　重塑筒

1—重塑筒(筒身可以拆成两半)；
2—钢箍；3—接缝

12.3　试验步骤

无侧限抗压强度试验应按下列步骤进行：

1) 将原状土样按天然层次方向放在桌上，用削土刀或钢丝锯削成稍大于试件直径的土柱，放入切土盘的上下盘之间，再用削土刀或钢丝锯自上而下细心切削。同时转动圆盘，直至达到要求的直径为止。取出试件，按要求的高度削平两端。端面要平整，且与侧面垂直，上下均匀。

2）试件直径和高度应与重塑筒直径和高度相同，一般直径为 3.5～4.0 cm，高为 8.0 cm。试件高度与直径之比宜在 2.0～2.5 之间。

3）将称好的试件立即称重，精确至 0.1 g。同时测其高度和上、中、下各部位直径。取切削下的余土测含水量。

4）在试件两端面及侧面抹一薄层凡士林，以防止水分蒸发。

5）将试件小心地置于无侧限压力仪的加压板上，转动手轮，使其与上加压板刚好接触，调整量力环和位移量表的起始零点。

6）以每分钟轴向应变为 1%～3%的速度转动手轮，使升降设备上升，进行试验，使试验在 8～10 min 内完成。

7）应变在 3%以前，每 0.5%应变记读百分表读数一次，应变达 3%以后，每 1%应变记读百分表读数一次。

8）当百分表读数达到峰值或读数达到稳定，再继续剪 3%～5%的轴向应变值即可停止试验，如读数无峰值，则轴向应变达 20%时即可停止试验。

9）试验结束，取下试样，描述破坏情况。

10）当需测灵敏度时，将破坏后的试件去掉表面凡士林，再加少许余土，包以塑料布，用手搓捏，破坏其结构，重塑为圆柱形，放入重塑筒内，用金属垫板挤成与筒体积相等的试件，即与重塑前尺寸相等。重复上述步骤进行试验。

12.4　试验成果整理

1）计算试件的平均直径：

$$D_0=\frac{D_1+2D_2+D_3}{4} \tag{12-1}$$

式中：D_0——试样的平均直径(cm)；

D_1、D_2、D_3——试样的上中下各部位的直径(cm)。

2）计算试样的轴向应变：

$$\varepsilon_1=\frac{\Delta h}{h_0}\times 100 \tag{12-2}$$

3）计算试样平均断面积：

$$A_\alpha=\frac{A_0}{1-0.01\varepsilon_1} \tag{12-3}$$

4）计算试样所受的轴向应力：

$$\sigma = \frac{C \cdot R}{A_\alpha} \times 10 \tag{12-4}$$

式中：σ ——轴向应力(kPa)；

C ——测力计率定系数(N/0.01 mm)；

A_α ——试样剪切时的面积(cm^2)；

A_0——试验前试样面积(cm^2)；

10——单位换算系数。

5）绘制轴向应力-应变关系曲线：

以轴向应力为纵坐标，以轴向应变为横坐标，绘制轴向应力-轴向应变关系曲线(图 12.4)。以最大轴向应力作为无侧向抗压强度。若最大轴向应力不明显，取轴向应变 15%处对应的应力作为该试件的无侧限抗压强度 q_u。

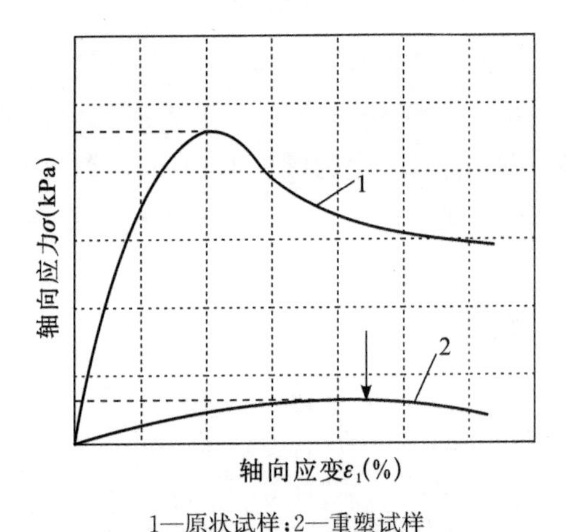

1—原状试样；2—重塑试样

图 12.4　轴向应力-轴向应变关系曲线

6）黏土的触变性常以灵敏度表示。按下式计算灵敏度：

$$S_t = \frac{q_u}{q'_u}$$

式中：S_t ——灵敏度；

q_u ——原状试样的无侧限抗压强度(kPa)；

q'_u——重塑试样的无侧限抗压强度(kPa)。

12.5 无侧限抗压强度试验记录表(表 12.1)

表 12.1 无侧限抗压强度试验记录

工程编号： 试验者：
试样编号： 计算者：
试验日期： 校核者：

试样初始高度 h_0________(cm) 测力计率定系数 C________N/0.01(mm)
试样直径 D_0________(cm) 原状试样无侧限抗压强度 q_u________(kPa)
试样面积 A_0________(cm^2) 重塑试样无侧限抗压强度 q_u'________(kPa)
试样质量 m_0________(g) 灵敏度 S_t________
试样密度 ρ________(g/cm^3)

轴向变形 (0.01 mm)	测力计读数 (0.01 mm)	轴向应变 (%)	校正面积 (cm^2)	轴向应力 (kPa)	试样破坏描述
(1)	(2)	(3)	(4)	$(5)=\frac{(2)\cdot C}{(4)}\times 10$	

第十三章　细粒土动三轴试验

13.1　概述

土的动态特性主要是指土的变形特性和强度特性，变形特性即动应力-应变关系，强度问题除了土的一般强度外，还包括可液化土的振动液化强度。在室内进行土的动力特性试验，主要包括确定土的动强度，用以分析在动力荷载作用下地基和结构物大变形条件和砂土振动液化问题，同时还能测定剪切模量和阻尼比，用以计算土体在动荷载作用下位移、速度、加速度或应力随时间的变化。动三轴试验是室内进行土的动态特性时较普遍采用的一种方法。

GDS三轴试验仪器设备是英国GDS公司(Geotechnical Digital Systems Instruments Ltd)研制生产的，分为动三轴系统和静三轴系统。该套系统吸取了当今先进的机械制造工艺和自动控制技术，量测、控制精度高且实现了数字化操作，根据需要，既可手动操作而由计算机记录数据，也可直接由计算机通过专用GDSLAB软件控制试验并自动记录数据。

13.2　试验仪器设备

振动三轴仪，按激振方式可分为惯性力式、电磁式、电液伺服式及气动式等振动轴仪。其组成包括主机、静力控制系统、动力控制系统、量测系统、数据采集和处理系统。

1）主机：包括压力室和激振器等。

2）静力控制系统：用于施加周围压力、轴向压力、反压力，包括储气罐、调压阀、放气阀、压力表和管路等。

3）动力控制系统：用于轴向激振，施加轴向动应力，包括液压油源、伺服控制器、伺服阀、轴向作动器等。要求激振波形良好，拉压两半周幅值和持时基本相等，相差应小于10%。

4）量测系统：由用于量测轴向载荷、轴向位移及孔隙水压力的传感器等组成。

5）计算机控制、数据采集和处理系统：包括计算机，绘图和打印设备，计算机控制、数据采集和处理程序等。

整个设备系统各部分均应有良好的频率响应，性能稳定，误差不应超过允许范围。其附属设备应符合第10.2节的相关规定。

天平：称量200 g，分度值0.01 g；称量1 000 g，分度值0.1 g。

以英国GDS公司研发的DYNTTS动三轴试验系统为例，该系统由信号控制系统、动力驱动部分、三轴压力室、围压控制器、反压控制器五个部分组成，如图13.1所示。该GDS动三轴仪具有高精度电磁控制、动力路径可以按需设计、计算机自动采集数据等优点。

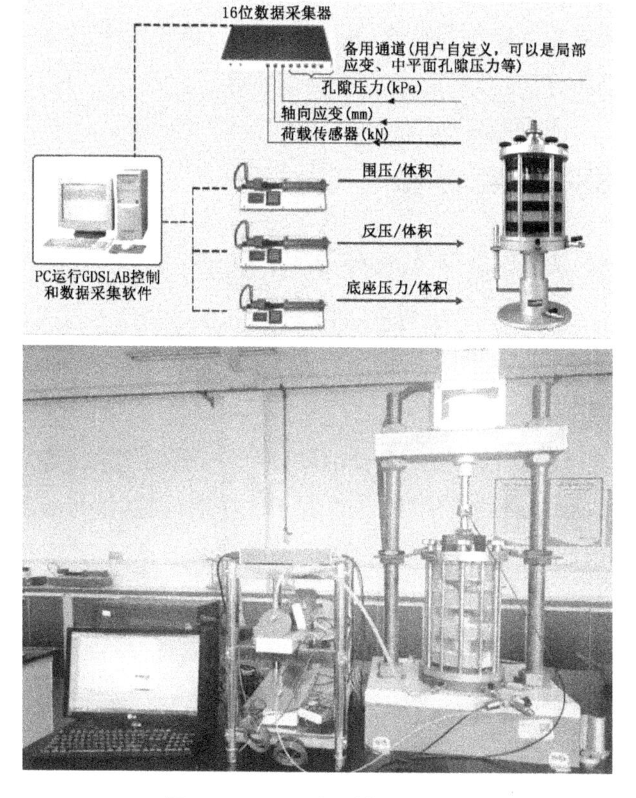

图13.1　GDS动三轴试验系统

13.3 一般规定

试验仪器设备应符合下列规定：

1) 根据试样的强度大小，选择不同量程的荷载传感器。

2) 孔隙压力量测系统的气泡应排除。其方法是：孔隙压力量测系统中充以无气水并施加压力，小心地打开孔隙压力阀，让管路中的气泡从压力室底座排出，应反复几次直到气泡完全冲出为止。

3) 排水管路应通畅。活塞在轴套内应能自由滑动，各连接处无漏水漏气现象，仪器检查完毕，管周围压力阀、孔隙压力阀和排水阀以备使用。

4) 橡皮膜在使用前应仔细检查。其方法是扎紧两端，在膜内充气，然后沉入水下检查，应无气泡溢出。

5) 动强度（或抗液化强度）特性试验宜采用固结不排水振动试验条件。动力变形特性试验宜采用固结不排水振动试验条件。动残余变形特性试验宜采用固结排水振动试验条件。

13.4 试样的制备与饱和

1) 本试验需 3～4 个试样，分别在不同周围压力下进行试验。

2) 试样尺寸：试样高度 h 与直径 D 之比(h/D)应为 2～2.5，直径 D 分别为 39.1 mm、61.8 mm 及 101.0 mm，对于有裂缝、软弱面和构造面的试样，试样直径宜采用 101.0 mm。

3) 原状土试样的制备：根据土样的软硬程度，分别用切土盘和切土器按规定切成圆柱形试样，试样两端应平整，并垂直于试样轴，当试样侧面或端部有小石子或凹坑时，允许用削下的余土修整，试样切削时应避免扰动，并取余土测定试样的含水量。

4) 扰动土试样制备：根据预定的干密度和含水量，按规范规定备样后，在击实器内分层击实，粉质土宜为 3～5 层，黏质土宜为 5～8 层，各层土样数量相等，各层接触面应刨毛。

5) 对于砂类土试样的制备应按下列步骤进行：

(1) 根据试验要求的试样干密度和试样体积称取所需风干砂样质量，分三等份，在水中煮沸，冷却待用。

(2) 开孔隙压力阀及量管阀，使压力室底座充水。将煮沸过的透水板滑入压力室底座上，并用橡皮带把透水板包扎在底座上，以防砂土漏入底座中。关孔隙压力阀及量管阀，将橡皮膜的一端套在压力室的底座上并扎紧，将对开模套在底座上，将橡皮膜的上端翻出，然后抽气，使橡皮膜贴紧对开模内壁。

(3) 在橡皮膜内注脱气水约达试样高度的1/3，将一份砂样装入膜中，填至该层要求高度。

(4) 第一层砂样填完以后，继续注水至试样高度的2/3，再装第二层。如此继续装样，直至膜内装满为止。

(5) 开量管阀降低量管，使管内水面低于试样中心高度以下约0.2 m，当试样直径为101 mm时，应低于试样中心高度以下约0.5 m，使试样内产生一定的负压，使试样能站立。拆除对开模，测量试样的高度和直径，复核试样的干密度，各试样之间的干密度最大允许差值应为±0.03 g/cm³。

6) 对制备好的试样，量测其直径和高度。试样的平均直径按下式计算：

$$D_0=\frac{D_1+2D_2+D_3}{4} \tag{13-1}$$

式中：D_1、D_2、D_3——试样上、中、下部位的直径(mm)；

D_0——试样平均直径(mm)。

7) 试样的饱和

(1) 抽气饱和法：应将装有试样的饱和器置于无水的抽气缸内，进行抽气，当真空度接近当地1个大气压后，应继续抽气。当抽气时间达到规定后，徐徐注入清水，并保持真空度稳定。待饱和器完全被水淹没即停止抽气，并释放抽气缸的真空。试样在水下静置时间应大于10 h，然后取出试样并称其质量。

(2) 水头饱和：使用粉土或粉质砂土，将试样装于压力室内，施加20 kPa周围压力。水头高出试样顶部1 m，使纯水从底部进入试样，从试样顶部溢出，直至流入水量和溢出水量相等为止。当需要提高试样的饱和度时，宜在水头饱和前，从底部将二氧化碳气体通入试样，置换孔隙中的空气，再进行水头饱和。

(3) 反压力饱和：试样要求完全饱和时，应对试样施加反压力。试样装好后，关闭孔隙水压力阀、反压力阀，测记体变管读数。打开周围压力阀，对试样施加20 kPa的周围压力，打开孔隙压力阀，待孔隙压力变化稳定，测记读数。然后关孔隙压力阀。

反压力应分级施加，并同时分级施加周围压力，以减少对试样的扰动，在施加反压力的过程中，始终保持周围压力比反压力大 20 kPa，反压力和周围压力的每级增量对软黏土取 30 kPa；对坚实的土或初始饱和度较低的土，取 50～70 kPa。

操作时，先调周围压力至 50 kPa，并将反压系统调至 30 kPa，同时打开周围压力阀和反压力阀，再缓缓打开孔隙压力阀，待孔隙压力稳定后，测记孔隙压力计和体变管读数，再施加下一级周围压力和反压力。

每施加一级压力都测定孔隙水压力。当孔隙水压力增量与周围压力增量之比 $\Delta U/\Delta\sigma_3 < 0.5$ 时，认为试样达到饱和。

13.5 GDS 动三轴试验

13.5.1 动强度试验步骤

1）动强度（抗液化强度）试验为固结不排水振动三轴试验，试验中测定应力、应变和孔隙水压力的变化过程，根据一定的试样破坏标准，确定动强度（抗液化强度）。破坏标准可取应变等于 5%或孔隙水压力等于周围压力，也可根据具体工程情况选取。

2）试样固结好后，在计算机控制界面中设定试验方案，包括动荷载大小、振动频率、振动波形、振动次数等。动强度试验宜采用正弦波激振，振动频率宜根据实际工程动荷载条件确定振动频率。

3）在计算机控制界面中新建试验数据存储的文件。

4）关闭排水阀，并检查管路各个开关的状态，确认活塞轴上、下锁处于解除状态。

5）当所有工作检查完毕，并确定无误后，点击计算机控制界面的开始按钮，试验开始。

6）当试样达到破坏标准后，再振 5～10 周左右停止振动。

7）试验结束后卸掉压力，关闭压力源。

8）描述试样破坏形状，必要时测定试样振后干密度，拆除试样。

9）对同一密度的试样，可选择 1～3 个固结比。在同一固结比下，可选择 1～3 个不同的周围压力。每一周围压力下用 4～6 个试样。可分别选择 10 周、20 周、30 周和 100 周等不同的振动破坏周次。

10）整个试验过程中的动荷载、动变形、动孔隙水压力及侧压力由计算机自动采集和处理。

13.5.2　GDS 动三轴仪器操作步骤

GDS 动三轴试验的操作主要包括两个部分：计算机操作及试验实际操作。两者可以同时进行。

1）建立一个新的试验计划

(1) 点击左侧工具条中“Test Status”中的“Station 1”出现如图 13.2 所示工具条，按提示依次完成以下操作。首先点击“Data Save”，选择计算机上单一目录(Single Directory)进行保存。

(2) 点击“Sample”下“Setup Sample Details”对试样进行细节设置，如图 13.3 所示。

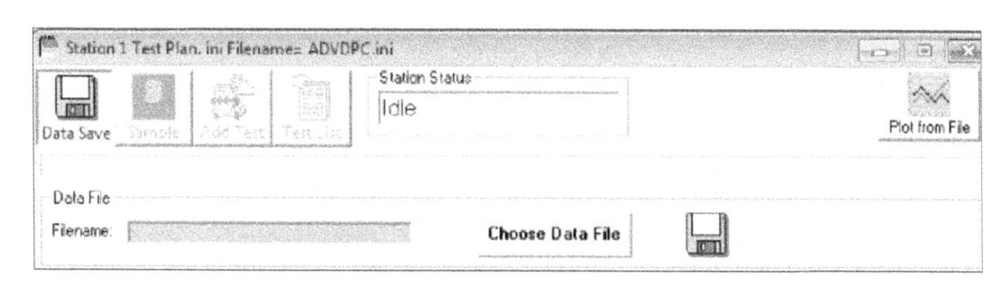

图 13.2　工具条示意图

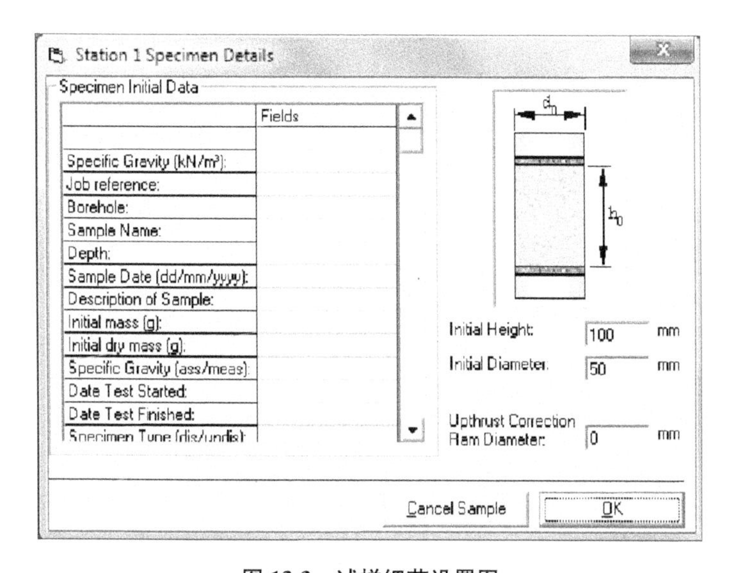

图 13.3　试样细节设置图

(3) 在“Add Test”中添加试验计划。

① 施加围压：在“Add Test Stage”面板上选择“Advanced Loading”试验模块，如图 13.4 所示，点击“Create New Test Stage”打开“Test Stage Details”，在“Cell Pressure”中设置目标围压及围压增加方式。点击“Next”进入试验终止屏幕，设置试验阶段终止条件，点击“Add to Test List”，这个试验阶段“Stage 1”便建立成功。其中终止条件可选择最大轴向荷载(Maximum Axial Load)、最长试验时间(Maximum Test Length)、最大轴向应变(Maximum Axial Strain)、最小轴向应变(Minimum Axial Strain)来控制。

② 施加偏压：与施加围压过程类似，唯一不同的是进入“Test Stage Details”后，在“Axial Stress/Strain Contol”中设置目标偏压及增加方式，然后“Stage 2”建立成功。

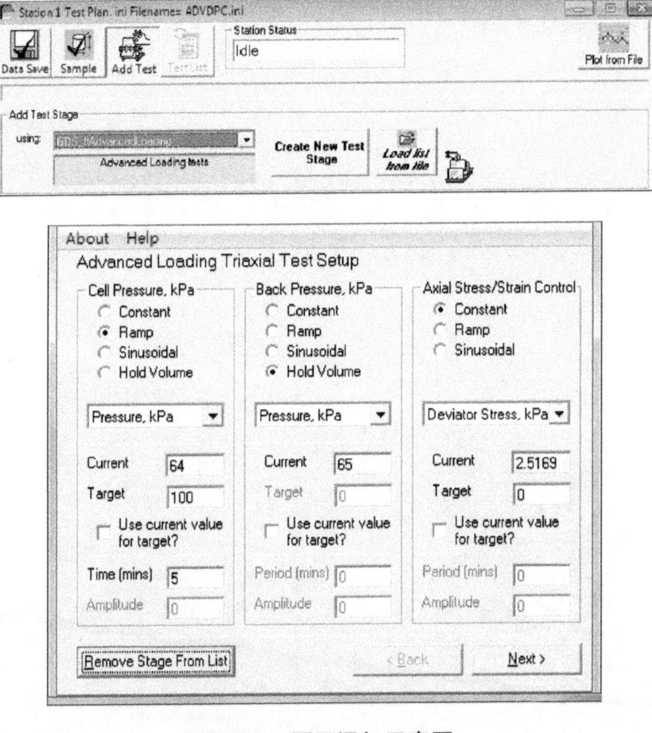

图 13.4　围压添加示意图

③ 施加动荷载。单级加载：在“Add Test Stage”面板上选择“Dynamic_Loading.dll”，点击创建新试验阶段(Create New Test Stage)按钮，打开试验阶段详细菜单(Test Stage Details)，选择应力式加载方式“Dynamic Cylic(Load-kN)”，设定目标轴向荷载基准值、加载频率及振幅，点击“Next”进入试验终止屏

幕，设置总的循环次数“TOTAL Cycles”、每个循环采集的点数“Points per Cylcle”，然后“Add to Test List”，至此单级加载整个“Test Plan”设置完成，如图 13.5 所示。点击图 13.2 所示中“Test List”，即显示整个单级加载的试验计划，点击“Go to Test”即运行试验，在“Stage 1”结束后，点击“Next Stage”进入下一个“Stage 2”，直到达到所设置的试验终止条件，试验结束。

About　Help
Test Type: Dynamic Cyclic (Load-kN)
Dynamic Cyclic (Load Control)
Axial:　Current:　Target:
Frequency:　1　Hz
Datum:　0.0156　0.96　kN
Amplitude:　0.96　kN
Stiffness Estimate:　6　10(stiff) - 0.1(soft)
Radial Stress:
Cell Pressure:　100　100　kPa
Remove Stage From List　< Back　Next >

About　Help
Back Pressure
Hold Volume (default)　Current:　Target:
Maintain Target Pressure　101　0　kPa
Optional Test Termination Conditions:
TOTAL Cycles:　5000　Cycles ON:　5000
Stop test after x no. of cycles　Num cycles to save data for
Points per Cycle:　20　Cycles OFF:　0
Data Points saved per cycle　Num cycles to not save data
Hold Pressures at end of test
At end of test, send a final target pressure (not hold volume)
Turn off the physical control system (if applicable)
Go to next stage automatically　Wait for user interaction
Remove Stage From List　< Back　Add to Test List

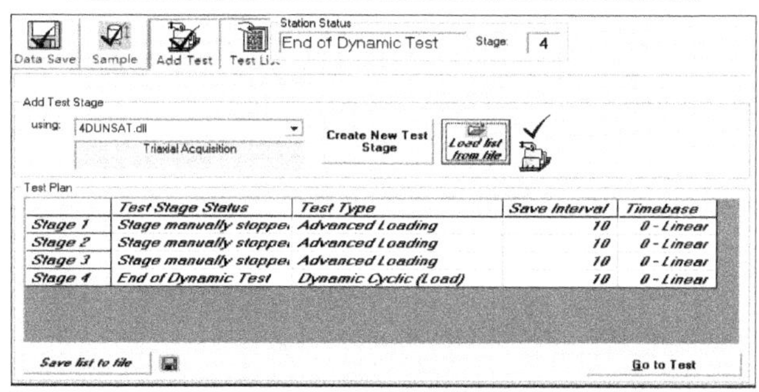

图 13.5　循环加载示意图

多级加载：多级加载方式类似于单级加载，不同的是单级加载是在同一个动应力幅值下达到设定的总循环次数后停止试验，而多级加载是动应力幅值不断增加，每一级动荷载下振动一定次数，直到试样破坏。具体操作即在“Test Stage Details”设置参数后，进入试验终止条件，“TOTAL Cycles”指的是本级荷载下的循环次数，“Add to Test List”后只是完成了一个“Stage”，重复“Add Test Stage-Dynamic_Loading.dll”—加载参数设置（动应力幅值不断增加）—终止条件设置—“Add to Test List”，直到试样可能破坏。最后整个多级加载的“Test Plan”完成，约含 20 个“Stage”。最后通过“Go to Test”及“Next Stage”控制试验的开始和进程。这些“Test Plan”都可以通过“Save list to file”保存起来以便以后调用。

2）试验实际操作

（1）安装试样及压力室

试样两边皆放置滤纸和透水石，用橡皮套套紧后用橡皮筋扎紧以防止进水，另外安装土样需防止土颗粒掉进压力室。试样安装好后，盖上玻璃罩并拧紧上部的贯通螺栓，如图 13.6 所示。

图 13.6　试样安装示意图

（2）加载杆接触试样

通过计算机控制升降台上升和手动转动压力室顶部的螺栓两种方式进行接

触调节。打开左侧工具条中的“Management”，点击“Object Display”窗口后，再点击信号控制系统 DCS，在“Platten Position”下点击“Move in Positive Direction”，升降台上升，当加载杆与试样快要接触时点击“Stop”停止，再通过螺栓微调，至完全接触。

（3）注水并检查密封性

关闭压力室与围压、反压控制器连接的导管，打开压力室上部通气孔及下部的注水口，开始注水，直到通气孔开始流出水，及时关闭注水口，拧紧通气孔，打开与围压控制器连接的导管。

（4）传感器清零

在“Object Display”窗口，点击“Read”显示当前数据，点击各个传感器上的眼睛形状的按钮后，然后点击“Advanced”选项，单击“Set Zero”对传感器当前数据进行清零，如图 13.7 所示。

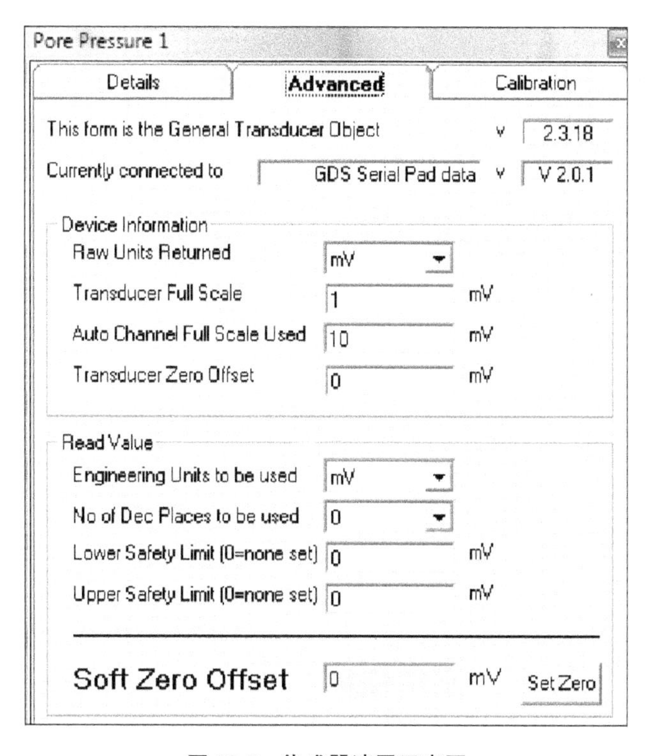

图 13.7 传感器清零示意图

(5) 施加围压偏压

准备工作已经完成,打开试验计划“Test List”,点击“Go to Test”,进入“Stage 1”,即施加围压阶段。“Stage 1”结束后,点击“Next Stage”进入“Stage 2”施加偏压阶段。

(6) 施加动荷载

“Stage 2”结束后,点击“Next Stage”进入“Stage 3”施加动荷载阶段,其中单级加载只有一个 Stage,当达到试验终止条件后试验结束。多级加载一般包含多个“Stage”,通过“Next Stage”控制加载进度,直至试样破坏,试验结束。

(7) 数据采集

计算机自动采集动应力-时间、动应变-时间、动孔隙水压力-时间等数据,并且可以实时显示加载图像,如图 13.8 所示。

(8) 排水及卸样

试验结束后,先在“Platten Position”下点击“Move in Negative Direction”使升降台下降,加载杆与土样脱离。关闭压力室与围压控制器连接的导管,打开压力室上部通气孔及下部的排水口进行排水,等排水结束后打开压力室,将土样取出,并将仪器恢复原状。

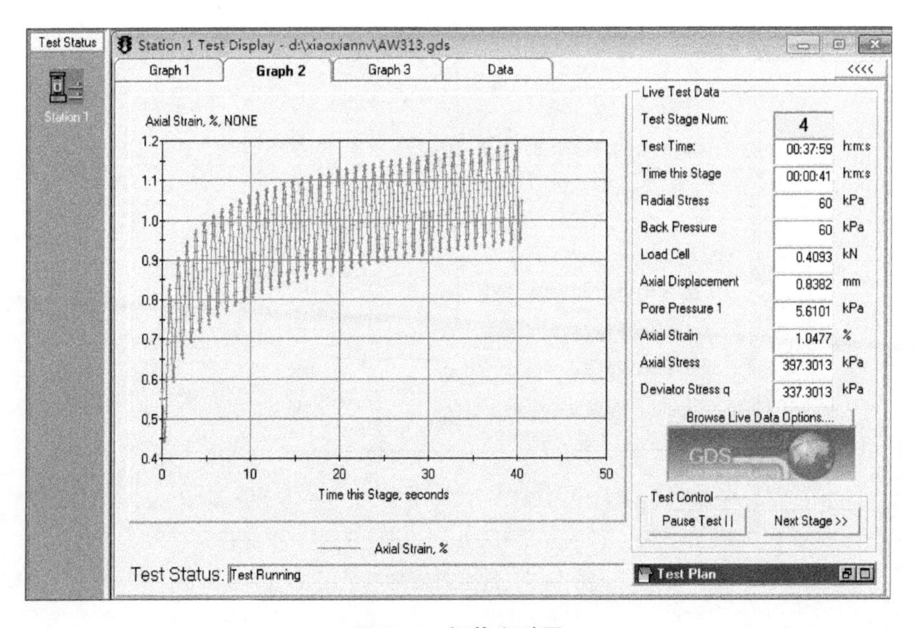

图 13.8 加载实时图

13.5.3　成果整理

1）轴向动应变按下式计算：

$$\varepsilon_1 = \frac{\Delta h_i}{h_0} \tag{13-2}$$

式中：ε_1——轴向应变值（%）；

Δh_i——剪切过程中的高度变化（mm）；

h_0——试样起始高度（mm）。

2）试样面积的校正按下式计算：

$$A_\alpha = \frac{A_0}{1-\varepsilon_1} \tag{13-3}$$

式中：A_α——试样的校正断面积（cm^2）；

A_0——试样的初始断面积（cm^2）。

3）固结应力比按下式计算：

$$K_C = \frac{\sigma'_{1c}}{\sigma'_{3c}} = \frac{\sigma_{1c}-u_0}{\sigma_{3c}-u_0} \tag{13-4}$$

式中：K_C——固结应力比；

σ'_{1c}——有效轴向固结应力（kPa）；

σ'_{3c}——有效侧向固结应力（kPa）；

σ_{1c}——轴向固结应力（kPa）；

σ_{3c}——侧向固结应力（kPa）；

u_0——初始孔隙水压力（kPa）。

σ_1——大主应力（kPa）。

4）体积应变按下式计算：

$$\varepsilon_V = \frac{\Delta V}{V_c} \tag{13-5}$$

式中：ε_V——轴向动应变（%）；

ΔV——轴向动变形（mm）；

V_c——固结后试样高度（mm）。

5）动强度（抗液化强度）计算应在试验记录的动应力、动变形和动孔隙水压力的时程曲线上。相应于该破坏振次试样 45°面上的破坏，动剪应力比 τ_d/σ'_0 应按下列公式计算：

$$\frac{\tau_d}{\sigma_0'}=\frac{\sigma_d}{2\sigma_0'} \tag{13-6a}$$

$$\tau_d=\frac{\sigma_d}{2} \tag{13-6b}$$

$$\sigma_0'=\frac{\sigma_{1c}'+\sigma_{3c}'}{2} \tag{13-6c}$$

式中：τ_d/σ_0'——试样45°面上的破坏动剪应力比；

σ_d——试样轴向动应力(kPa)；

τ_d——试样45°面上的动剪应力(kPa)；

σ_0'——试样45°面上的有效法向固结应力(kPa)；

σ_{1c}'——有效轴向固结应力(kPa)；

σ_{3c}'——有效侧向固结应力(kPa)。

13.5.4 绘制动强度试验的试验曲线

动强度试验的试验曲线可按下列规定进行绘图：

1) 对同一固结应力条件进行多个试样的测试，以破坏动剪应力比为纵坐标，以破坏振次 N 为横坐标，在单对数坐标上绘制破坏动剪应力比 τ_d/σ_0' 与破坏振次 N 的关系曲线。

2) 对于工程要求的等效破坏振次 N，可根据破坏动剪应力比 τ_d/σ_0' 与破坏振次 N 的曲线确定相应的破坏动剪应力比，并可根据工程需要，按不同表示方法，整理出动强度(抗液化强度)特性指标。

3) 在对动孔隙水压力数据进行整理时，可取动孔隙水压力的峰值；也可根据工程需要，取残余动孔隙水压力值。

4) 当由于土的性能影响或仪器性能影响导致测试记录的孔隙水压力有滞后现象时，可对记录值进行修正后再做处理。

5) 以动孔隙水压力为纵坐标，以振次为横坐标，根据试验结果在单对数坐标上绘制动孔隙水压力与振次的关系曲线。

6) 以动孔隙水压力比为纵坐标，以破坏振次 N 为横坐标，绘制振次与动孔隙水压力比的关系曲线。

7) 对于初始剪应力比相同的各个试验，可以动孔隙水压力比为纵坐标，以动剪应力比为横坐标，绘制在固定振次作用下的动孔隙水压力比与动剪应力比的关系曲线；也可根据工程需要，绘制不同初始剪应力比与不同振次作用下的同类关系曲线。

13.5.5　GDS 动三轴试验记录表

表 13.1　动三轴动强度(抗液化强度)试验记录表(一)

工程编号：　　　　试验者：
试样编号：　　　　计算者：
试验日期：　　　　校核者：

固结前		固结后		固结条件		试验条件和破坏标准	
试样直径(mm)		试样直径(mm)		固结应力比 K_C		动荷载 W_a(kN)	
试样高度(mm)		试样高度(mm)		轴向固结应力(kPa)		振动频率(Hz)	
试样面积(cm^2)		试样面积(cm^2)		侧向固结应力(kPa)		等压时孔压破坏标准(kPa)	
体积量管读数(cm^3)		体积量管读数(cm^3)		固结排水量(mL)		等压时应变破坏标准(%)	
试样体积(cm^3)		试样体积(cm^3)		固结变形量(mm)		偏压时应变破坏标准(%)	
试样干密度(g/cm^3)		试样干密度(g/cm^3)		振后排水量(mL)		振后高度(mm)	
试样破坏情况描述							
备注							

表 13.2　动三轴动强度(抗液化强度)试验记录表(二)

工程编号：　　　　　　　　　　　　试验者：

试样编号：　　　　　　　　　　　　计算者：

试验日期：　　　　　　　　　　　　校核者：

振次(次)	动变形(mm)	动应变(%)	动孔隙压力(kPa)	动孔压比

表 13.3 动三轴动变形试验记录表(一)

工程编号： 试验者：
试样编号： 计算者：
试验日期： 校核者：

固结前		固结后		固结条件	
试样直径(mm)		试样直径(mm)		固结应力比 K_C	
试样高度(mm)		试样高度(mm)		轴向固结应力(kPa)	
试样面积(cm^2)		试样面积(cm^2)		侧向固结应力(kPa)	
体积量管读数(cm^3)		体积量管读数(cm^3)		固结排水量(mL)	
试样体积(cm^3)		试样体积(cm^3)		固结变形量(mm)	
试样干密度(g/cm^3)		试样干密度(g/cm^3)		振动频率(Hz)	
试样破坏情况描述					
备注					

表 13.4　动三轴动变形试验记录表(二)

工程编号：　　　　　　　　　　　　　　　　　　试验者：

试样编号：　　　　　　　　　　　　　　　　　　计算者：

试验日期：　　　　　　　　　　　　　　　　　　校核者：

振次(次)	动应力(kPa)	动变形(mm)	动应变(%)	动弹性模量(kPa)	阻尼比(%)

表 13.5　动三轴残余变形试验记录表(一)

工程编号：　　　　　　　　　　　　　　　　试验者：
试样编号：　　　　　　　　　　　　　　　　计算者：
试验日期：　　　　　　　　　　　　　　　　校核者：

固结前		固结后		固结条件		试验条件和破坏标准	
试样直径(mm)		试样直径(mm)		固结应力比 K_C		动荷载 W_a(kN)	
试样高度(mm)		试样高度(mm)		轴向固结应力(kPa)		振动频率(Hz)	
试样面积(cm^2)		试样面积(cm^2)		侧向固结应力(kPa)		振动次数(次)	
体积量管读数(cm^3)		体积量管读数(cm^3)		固结排水量(mL)		振后排水量(mL)	
试样体积(cm^3)		试样体积(cm^3)		固结变形量(mm)		振后高度(mm)	
试样干密度(g/cm^3)		试样干密度(g/cm^3)					
试样破坏情况描述							
备注							

表 13.6　动三轴残余变形试验记录表(二)

工程编号：　　　　　　　　　　　　试验者：

试样编号：　　　　　　　　　　　　计算者：

试验日期：　　　　　　　　　　　　校核者：

振次(次)	动残余体积变化 (cm³)	动残余轴向变形 (mm)	残余体积应变 (%)	动残余轴向应变 (%)

参 考 文 献

[1] 刘松玉.土力学[M]. 5 版.北京：中国建筑工业出版社，2020.

[2] 中华人民共和国住房和城乡建设部，国家市场监督管理总局.土工试验方法标准：GB/T 50123—2019[S]. 北京：中国计划出版社，2019.

[3] 交通运输部公路科学研究院.公路土工试验规程：JTG 3430—2020[S]. 北京：人民交通出版社股份有限公司，2020.

[4] 南京水利科学研究院土工研究所.土工试验技术手册[M]. 北京：人民交通出版社，2003.

[5] 周福田.土工试验及地基承载力检测[M]. 北京：人民交通出版社，2000.

[6] 杨迎晓，李强，王常晶，等.土力学试验指导[M]. 2 版.杭州：浙江大学出版社，2015.

[7] 刘伟，汪权明.土力学试验指导[M]. 北京：化学工业出版社，2020.

[8] 张吾渝.土力学试验指导书[M]. 北京：中国建材工业出版社，2016.

[9] 孟云梅.土力学试验[M]. 北京：北京大学出版社，2015.

[10] 王述红.土力学试验[M]. 沈阳：东北大学出版社，2010.

[11] 赵铁立，邱祖华.土力学试验指南与试验报告[M]. 成都：西南交通大学出版社，2008.

[12] 杨熙章.土工试验与原理[M]. 上海：同济大学出版社，1993.

[13] 袁聚云.土工试验与原理[M]. 上海：同济大学出版社，2003.

[14] 袁聚云，徐超，赵春风，等.土工试验与原位测试[M]. 上海：同济大学出版社，2004.

[15] 高向阳.土工试验原理与操作[M]. 北京：北京大学出版社，2013.